图说
食用菌
生态栽培技术

崔颂英　梁春莉　刘淑芳　编著

化学工业出版社

·北京·

内容简介

本书从生态栽培的角度系统介绍了食用菌基础知识、制种技术、生态栽培技术、加工技术及病虫害防治技术等。其中，分别重点介绍了鸡腿菇、大球盖菇、羊肚菌、双孢菇的生态栽培技术及加工技术。本书配套200余幅高清彩色图片及11个专业讲解视频，理论知识与生产案例相结合，可以满足读者日常学习和生产实际需要。

本书既适合从事庭院式栽培的广大菇农及工厂化栽培企业参考，也可以作为农林院校相关专业学生和食用菌爱好者的学习资料。

图书在版编目（CIP）数据

图说食用菌生态栽培技术/崔颂英，梁春莉，刘淑芳编著. —北京：化学工业出版社，2023.9

ISBN 978-7-122-43502-6

Ⅰ.①图…　Ⅱ.①崔…②梁…③刘…　Ⅲ.①食用菌-蔬菜园艺-图集　Ⅳ.①S646-64

中国国家版本馆CIP数据核字（2023）第087622号

责任编辑：孙高洁　刘　军　　　文字编辑：李　雪　李娇娇
责任校对：李　爽　　　　　　　装帧设计：关　飞

出版发行：化学工业出版社
　　　　　（北京市东城区青年湖南街13号　邮政编码100011）
印　　装：盛大（天津）印刷有限公司
880mm×1230mm　1/32　印张4¾　字数138千字
2023年9月北京第1版第1次印刷

购书咨询：010-64518888　　　售后服务：010-64518899
网　　址：http://www.cip.com.cn
凡购买本书，如有缺损质量问题，本社销售中心负责调换。

定　　价：29.80元

前言

　　食用菌具有很高的营养价值和药用价值，被誉为"人类理想的健康食品""植物性食品的顶峰"等。人类对食用菌的认识和利用已经有数千年的历史。我国已知的大型真菌有10000余种，经济真菌1341种，可以进行人工栽培的90多种，商业化栽培品种约40种，其中，大规模商业化栽培品种约20种。

　　生态栽培可以在保护和改善农业生态环境的前提下，取得最大的生态经济效益，是一种适应市场经济发展的现代农业模式。食用菌生态栽培的基本理念包括两个方面：一方面，食用菌可通过自身分泌的酶类降解木质素和纤维素物质，获得能量，完成其生育过程，在生产者和消费者之间搭建物质和能量循环的纽带，因此，食用菌在自然界中属于"还原者"，位于"三维"循环经济结构的起点和终点。另一方面，食用菌由于其独特的营养价值和药用价值，成为备受人们青睐的蛋白质来源和健康食品。因此，食用菌栽培环境成了一个多物种共生、多层次搭配、多环节相扣、多层次增值和多效益统一的物质和能量体系，能够极大地推动农业生态系统的良性循环，并促进生态的可持续性和协调发展。

　　本书基于以上背景，紧贴实际生产需要，以为读者提供具有操作性的生态栽培技术为目的编写完成。精选多个典型生产案例，在食用菌制种及生态栽培部分进行具体分析，为读者在实际生产成本核算中提供参考。此外，还配以高清彩色图片及专业讲解视频，引导读者快速了解和掌握食用菌生态栽培的理论知识，"手把手"教授生产技术。

本书文字部分由崔颂英、梁春莉、刘淑芳编写，图表部分由崔颂英、杨俊达绘制及拍摄，视频部分由牛长满、崔颂英设计。

在此感谢葫芦岛农函大玄宇食用菌野驯繁育有限公司马世宇董事长、付亚娟老师以及辽阳市佳琦食用菌种植专业合作社法人刘勃东的大力支持。由于时间仓促，书稿疏漏之处在所难免，敬请广大读者批评指正。

编者

2023 年 2 月

目录

第三章　食用菌生态栽培技术 / 040

第四章　食用菌加工技术 / 095

第五章　食用菌病虫害防治技术 / 106

附录 / 130

参考文献 / 144

第一章

食用菌基础知识

第一节　食用菌概述

　　食用菌的生长发育过程可分为营养生长（菌丝体阶段）和生殖生长（子实体阶段）两个阶段。菌丝体相当于高等植物的根、茎、叶等营养器官，具有分解、吸收和输送水分及营养物质的功能。生长在培养基中的基内菌丝能够对培养基物质进行降解和吸收，并能够对降解吸收后的营养物质进行输送和贮藏；生长在培养基上部的气生菌丝能够进行有性繁殖。子实体相当于高等植物的花和果实，能够产生食用菌的生殖细胞，如伞菌类的分生孢子、子囊菌类的子囊孢子。

一、菌丝体

　　食用菌为可食用的大型真菌。大型真菌的孢子是微小的繁殖单位，在适宜的条件下萌发成菌丝，随后在培养基上向各方向呈辐射状延伸、分支，并吸收养分。真菌菌丝由多细胞组成。食用菌的菌丝均为多细胞，细胞管状、壁薄、透明，细胞内含有一个、两个或多个细胞核。细胞与细胞相连接处，有的无隔膜（鞭毛菌亚门、接合菌亚门），有的隔膜不完全（子囊菌亚门），有的隔膜较完全（担子菌亚门）（图1-1）。根据菌丝不同阶段的生长发育特点，又可以分为初生菌丝、次生菌丝和三次菌丝。大量的菌丝缠绕在一起形成菌丝体。

不同真菌的菌丝在其进化过程中，对环境条件已有了高度的适应性，产生了各种结构和功能不同的特殊形态，如菌索（图1-2）、菌髓、菌核等。

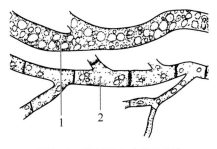

图1-1　菌丝形态（仿黄毅）

1—无隔菌丝；2—有隔菌丝

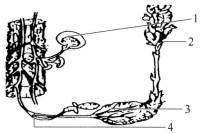

图1-2　菌索（仿黄毅）

1—蜜环菌；2—天麻花序；3—天麻；4—菌索

二、子实体

有资料报道，伞菌占食用菌总量的90%左右，这里重点介绍大型伞菌子实体的形态。

食用菌子实体的菌盖一般呈伞形，也有其他形状。菌盖表面有黏液、纤毛等各种分泌物和附属物，而且不同种类由于表皮色素的不同而呈现出各种颜色，这些都成为分类的重要依据（图1-3）。

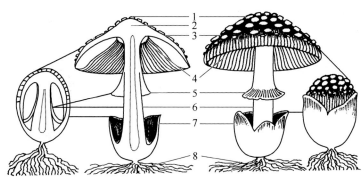

图1-3　伞菌子实体模式图（仿卯晓岚）

1—鳞片；2—菌肉；3—菌盖；4—菌褶；5—菌环；6—菌柄；7—菌托；8—菌索

三、分类地位

现代很多学者将真核生物分为植物界、动物界、菌物界。食用菌隶属菌物界，真菌门中的子囊菌亚门和担子菌亚门（图1-4～图1-8）。

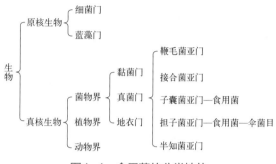

图1-4　食用菌的分类地位

图1-5　鸡腿菇（担子菌亚门）

图1-6　大球盖菇（担子菌亚门）

图1-7　羊肚菌（子囊菌亚门）

图1-8　双孢菇（担子菌亚门）

四、生活史

在光学显微镜下，菌褶是由菌肉、菌丝向下生长形成的菌髓组织，呈柳叶状。靠近菌髓两侧的菌丝形成紧密区，此为子实体层基（下子实层）。由子实体层基向外再产生栅状排列的担子和囊状体。担子上着生有2～4个担孢子。担子、担孢子和囊状体组成子实层。

成熟的子实体可以产生有性孢子。在担子菌和子囊菌类中的有性孢子分别称为担孢子和子囊孢子。在担子菌类中，有些菌类的生活史中还存在着无性阶段，形成无性孢子，如分生孢子、粉孢子、芽孢子、厚垣孢子等。

针对食用菌的有性生活史，以伞菌的生活史为例，主要有以下几个过程。

① 生活史开始：担孢子萌发成单核菌丝。

② 单核菌丝质配：单核菌丝质配，发育成双核菌丝。多数种类的双核菌丝可见锁状联合（图1-9）。

③ 子实体发生：在适宜的环境条件下，双核菌丝体组织化，形成各种食用菌所特有的子实体。

④ 原担子形成：菌褶表面或菌管内壁的双核菌丝的顶端细胞，发育成原担子。

⑤ 担子形成：核配形成的双倍体核进行减数分裂，产生四个单倍体核，原担子变成担子。

⑥ 担孢子形成：各个单倍体核分别移至担子小梗的顶端，形成担孢子（图1-10、图1-11）。

⑦ 生活史结束：担孢子弹射，完成生活史全部过程（图1-12）。

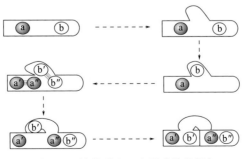

图1-9　锁状联合示意图（仿黄毅）

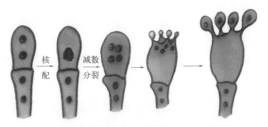

图1-10 担孢子形成示意图（仿黄毅）

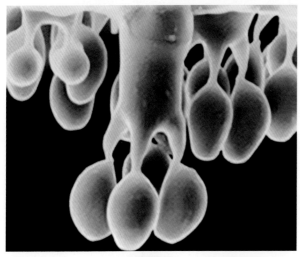

图1-11 电子扫描
显微镜下的担孢子

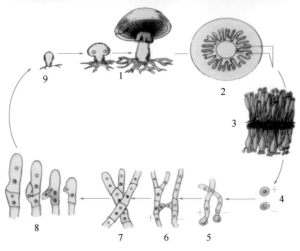

图1-12 伞菌生活史
示意图（仿黄毅）

1—子实体；2—菌褶；3—子实层体；4—担孢子；5—单核菌丝萌发；6—质配；
7—双核菌丝（异双核体菌丝）；8—锁状联合；9—子实体原基

第二节 食用菌营养条件

食用菌生活所需求的营养物质，可分为碳源、氮源、无机盐和维生素等。

一、碳源

碳源是细胞和新陈代谢产物中碳素的营养物质来源，其主要作用是构成细胞结构物质和提供食用菌生长繁殖所需要的能量及其代谢调节物质。碳是食用菌中含量最多的元素，占菌体成分的50% ～ 65%，碳源是食用菌最重要的营养源之一。自然界中的碳素，可分为无机态碳和有机态碳，食用菌只能利用有机态碳（表1-1）。食用菌吸收的碳素大约有20%用于合成细胞，80%提供维持生命活动所需要的能量。

表1-1 食用菌对有机态碳的利用情况

有机态碳类别	有机态碳主要种类及利用情况
单糖	葡萄糖[①]、果糖[①]、甘露糖、半乳糖等
寡糖	麦芽糖[①]、乳糖、纤维二糖
多糖	淀粉[①]、纤维素[①]、半纤维素[①]、木质素[①]
有机酸	糖酸、乳酸、柠檬酸、延胡索酸、琥珀酸、苹果酸、酒石酸
醇类	甘露醇[①]、甘油[①]

①为比较容易被食用菌利用，未标记的为一般利用或不易利用。

木腐菌分解的基质主要是木材及其下脚料和秸秆。木材的主要成分为纤维，包括纤维素、半纤维素及木质素，占木材干物质的95%以上。此外，还有含氮物质，其总量占木材干物质的0.03% ～ 10%。一般树干中的灰分含量为1%，主要成分为单糖（图1-13）、双糖及多糖中的淀粉（图1-14，表1-2）。

表1-2 食用菌对纤维素、半纤维素和木质素的利用情况

碳源种类	参与分解的酶类	腐生菌类型
纤维素	纤维素酶	褐腐生，如茯苓

碳源种类	参与分解的酶类	腐生菌类型
半纤维素	半纤维素酶	—
木质素	过氧化物酶	白腐生，如香菇

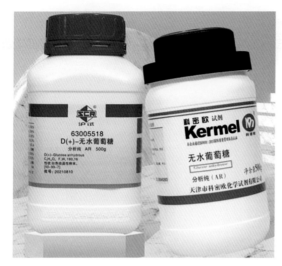

图1-13　无水葡萄糖

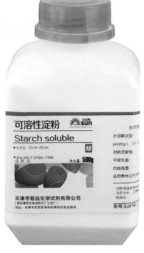

图1-14　可溶性淀粉

二、氮源

氮源是合成蛋白质和核酸不可缺少的原料，是食用菌最主要的营养物质之一，但一般不提供能量（表1-3）。

表1-3　食用菌对氮源的利用情况

氮源类别	具体种类	利用情况
有机态氮	尿素、氨基酸、蛋白胨（图1-15）、牛肉浸粉（图1-16）	直接或间接利用
无机态氮	硝态氮、铵态氮、铵盐	利用较差

菌丝能直接吸收利用尿素等小分子有机氮，而高分子的有机氮必须通过菌丝分泌的蛋白酶，被分解成氨基酸后才能被吸收。不同菌株蛋白酶活性强弱不同，蛋白酶活性强的菌株（如金针菇、杨树菇等），在人工合成

培养基内要添加更多的氮源来满足其生理要求。但添加到培养基质中的氮源浓度，不能过高，如一味地提高氮源浓度，将引起菌丝旺长，营养生长期延长，出菇推迟。

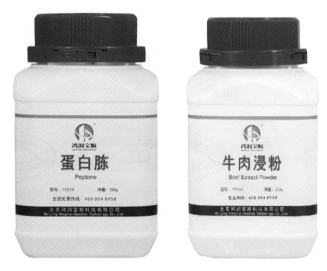

图1-15　蛋白胨　　　　图1-16　牛肉浸粉

不同菌类栽培所选择的培养基质不一样，在天然材料中一般禾本科植物C/N为60：1～80：1，而木本植物残体的C/N为200：1～350：1。因而在袋料栽培中，为适合不同菌类的种性和获得高产，常加些有机物，如麸皮、牛粪等或经过发酵来调节C/N。此外，不同发育阶段C/N是变化的，一般营养生长阶段C/N较低，而生殖生长阶段C/N较高。

三、无机盐

无机盐提供食用菌生长所需要的矿质元素。食用菌生长发育所需要的大量元素有氮、磷、硫、镁、钾、钙等，它们参与细胞结构物质的组成、参与酶的组成、维持酶的作用、参与能量的转移、控制原生质的胶体状态和调节细胞的渗透压等；微量元素包括铁、铜、锌、锰、硼、钴、钼等，它们是酶活性基的组成成分或是酶的激活剂。从菇体的灰分分析中可知，矿物质含量仅为0.3%～0.7%，其中主要元素为磷、钾、镁等。配制培养基时常用的无机盐有磷酸二氢钾、磷酸氢二钾、石膏、硫酸镁、碳酸钙等。

四、维生素

食用菌生长发育所需要的维生素类物质用量甚微，一般添加浓度为 0.01～0.1mg/L，但对食用菌生长发育有重要影响。维生素在马铃薯、酵母、麦芽、豆芽、麦麸、米糠等植物性材料中含量很丰富，一般没有必要另外添加。

第三节　食用菌环境条件

食用菌的生长发育受到内外双重因素的控制。内部因素是由食用菌自身的遗传规律所决定的，是自然界进化的结果。外部因素包括温度、湿度、水分、空气、光照、pH 等。只有掌握了食用菌的生长发育所需的内外因素，人为地创造适宜的环境条件，才能够满足食用菌生长发育的要求。

一、温度

温度对食用菌生长发育的影响，其实质是温度影响酶的活性，从而影响食用菌的代谢。菌丝体阶段，一般来说比较耐低温，低温对其只是起抑制作用，并无伤害。而高温对菌丝体则具有伤害性，常导致菌丝体萎蔫死亡。如栽培中（尤其是反季节栽培），往往会出现"烧菌"现象，就是温度过高造成的伤害。菌丝体生长发育的适宜温度一般为 20～22℃，温度高于 33℃菌丝受到伤害。子实体分化阶段所要求的温度总的来说较菌丝体阶段要低，根据子实体分化的适宜温度可以将食用菌分成三个温度类型，根据子实体分化时对温度的需求，又可将食用菌分成两个结实类型，见表1-4、表1-5。

表1-4 食用菌的温度类型

温度类型	子实体分化最适温度	代表种类
低温型	20℃以下	香菇、平菇、金针菇等
中温型	20～24℃	木耳、银耳等
高温型	24～30℃	草菇

表1-5 食用菌的结实类型

结实类型	温度需求	代表种类
变温结实型	8～10℃的变低温刺激一定时间	香菇、平菇、金针菇等
恒温结实型	不需要变温刺激	黑木耳、草菇、灵芝等

子实体发育阶段的温度较菌丝体阶段低，较子实体分化阶段高。在一定的温度范围内，高温环境中子实体生长快，但菌柄长、易开伞、菌肉薄、商品价值低；而在低温环境中，子实体生长慢，但肉厚、朵大、商品性状好。

由图1-17可以看出，食用菌生长过程中，其对温度的需求均呈现前高后低的规律。菌丝体阶段对温度的需求较子实体分化阶段和子实体生长发育阶段高，而子实体分化阶段对温度的要求最低。

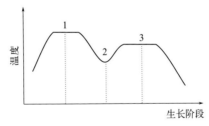

图1-17 食用菌生长发育不同阶段的温度变化曲线

1—菌丝体阶段最适温度；2—子实体分化阶段最低温度；3—子实体生长发育阶段最适温度

生产实践中一定要注意，子实体生长发育温度是指气温，而菌丝体生长发育温度和子实体分化温度，是指培养料的温度。发菌期间料温一般比环境温度高几摄氏度到十几摄氏度，因此，在栽培管理时既要注重料温，又要注重气温，两者一定要兼顾。

二、水分和湿度

水是构成食用菌细胞的成分，起维持细胞膨压并起到运送营养物质的作用。食用菌栽培过程中的水分是指培养料的含水量，湿度是指栽培空间的空气含水量。食用菌的生长发育喜欢潮湿的环境，不耐干旱。不同的生长发育阶段对水分和湿度的要求不尽相同，尤其是湿度，差异很大（表1-6）。菌丝体阶段主要是保证菌丝迅速地向基质中定植蔓延，此阶段培养基质的含水量是至关重要的，对湿度要求不高。子实体分化和子实体生长发育阶段对湿度的要求明显增加，尤其当子实体进入旺盛的快速生长时期时，要求更高的湿度。子实体原基分化阶段和菇蕾期间，子实体原基十分脆弱，此时湿度是决定其能否正常发育成子实体的关键因素。因此，生产中一般使用喷灌设施或高压喷雾设备向栽培空间和地面喷雾状水，既可以增加湿度，又不伤害原基和菇蕾。后期子实体快速生长阶段，一方面栽培环境中二氧化碳积累过高，另一方面对湿度要求很高，实际生产中要注意少喷、勤喷水，及时通风换气，灵活调节湿度，以保证子实体发育良好，并通过干湿球温度计准确监测栽培环境的空气相对湿度。

表1-6　食用菌生长发育不同阶段对水分和湿度的需求

生长发育阶段	水分、湿度需求
菌丝体阶段	湿度在60%左右，代料栽培水分在55%～65%
子实体分化阶段	湿度要求在80%～85%
子实体生长发育阶段	湿度要求在85%～90%

三、空气

食用菌是好氧型生物，其利用呼吸作用吸收O_2，释放CO_2，但却不能利用CO_2，这样势必造成栽培环境CO_2积累。因此，通过通风换气，供给充足的O_2，排出多余的CO_2，是保证食用菌正常生长的重要措施。通风效果以嗅不到异味、不闷气、感觉不到风的存在及不引起温、湿度大幅度变化为宜（表1-7）。

表1-7　O_2与CO_2对食用菌生长发育不同阶段的影响

生长发育阶段	O_2与CO_2的影响
菌丝体阶段	对高浓度的CO_2敏感，造成菌丝生长缓慢、细弱、生活力下降、颜色灰白
子实体分化阶段	对O_2需求量不大，此时略提高CO_2浓度，对原基整齐分化有利
子实体生长阶段	对O_2需求量急剧增加，CO_2浓度过高会形成畸形菇

四、光照

食用菌不能进行光合作用，因此，一般不需要直射光照。另外直射光照会加快蒸腾速度，使原基失水萎蔫，且阳光中的紫外线对菌丝体有伤害，但必要的散射光是诱导子实体原基分化和保证子实体良好生长的重要条件（表1-8）。

表1-8 食用菌生长发育不同阶段对光照的需求

生长发育阶段	光照需求
菌丝体阶段	不需要光照，暗光培养
子实体分化阶段	大多数品种需要一定量的散射光刺激以诱导原基的形成
子实体生长阶段	大多数品种需要500～1000lx的散射光，以使子实体朵形正、色泽好

五、pH

pH对食用菌的影响，主要是pH能够调节酶和细胞膜的活性，从而对代谢过程产生影响。一般偏酸的基质适宜木腐菌生长，偏碱的基质适宜草腐菌生长。生产实践中，由于灭菌处理和菌丝生长过程中产生酸性物质，都会使培养料pH有所下降，这就要求培养料配制好后，pH要比较适宜pH高1～1.5个单位。

第四节　食用菌生态栽培

生态栽培主要是通过提高太阳能的固定率和利用率、生物能的转化率、废弃物的再循环利用率等，促进物质在农业生态系统内部的循环利用和多次重复利用，以尽可能少的投入，得到尽可能多的产出，并获得生产发展、能源再利用、生态环境保护、经济效益等相统一的综合性效果，使农业生产处于良性循环中。

过去的事实证明，传统农业的资源结构是由植物和动物"二维"要素构成，即"生产者（绿色植物）"→"消费者（人类和动物）"，这在生物圈中是一种不平衡的单向流动的消耗性结构。因此，现代农业倡导"三维"结构，即"生产者"⟷"消费者"⟷"还原者"，在生物圈中，这是一个循环发展的可再生结构。

食用菌可通过自身分泌的酶类降解木质素和纤维素物质，获得能量，完成其生育过程，在生产者和消费者之间搭建物质和能量循环的纽带。图1-18诠释了食用菌生态栽培的内涵。

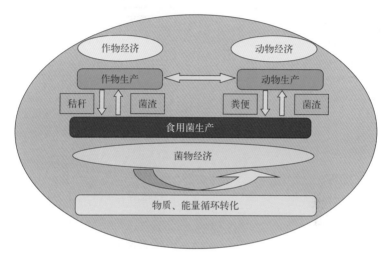

图1-18 食用菌生态栽培模式图

第二章

食用菌制种技术

第一节　制种基本条件

一、常用药品

母种、原种、栽培种制作时常用到多种化学营养物质、天然营养物质和消毒药品，其种类与用途分别见表2-1、表2-2和表2-3。

表2-1　制种常用化学营养物质的种类与用途

菌种级别	药品级别	营养物质名称	营养物质用途
母种	分析纯、化学纯	葡萄糖、蔗糖、麦芽糖、可溶性淀粉等	提供小分子碳素营养
		蛋白胨、酵母浸出膏等	提供小分子氮素营养
		硫酸镁、磷酸二氢钾等	提供矿质元素
		氢氧化钠、盐酸	调节营养液酸碱度
		琼脂	凝固剂
原种、栽培种	工业级	蔗糖	提供小分子碳素营养
		尿素	提供小分子氮素营养
		石膏、石灰、硫酸镁、过磷酸钙等	提供矿质元素

表2-2　制种常用天然营养物质的种类与用途

菌种级别	营养物质	营养物质用途
母种	马铃薯、小麦粒、玉米粒、胡萝卜、麦芽等	提供小分子碳素、氮素营养等
原种、栽培种	木屑、棉籽壳、玉米芯、废棉渣、豆秸、稻草等	提供大分子碳素营养等
	麦麸、米糠、玉米粉、豆饼粉、牛粪等	提供大分子氮素营养等

表2-3　制种常用消毒药品的种类与用途

药品名称	药品用途
乙醇	表面擦拭消毒
气雾消毒剂、福尔马林（40%甲醛溶液）	熏蒸消毒
来苏尔、新洁尔灭、苯酚、高锰酸钾、硫黄	表面擦拭消毒或环境喷雾
克霉灵（美帕曲星）、多菌灵、石灰	拌料

二、常用物品

制种过程中还常用到棉类制品、塑料制品、燃料及其他制品等（表2-4）。

表2-4　制种常用物品的种类与用途

常用物品	物品名称	物品用途
棉类制品	普通棉花	制作试管棉塞
	脱脂棉	制作酒精棉球
	纱布	过滤、制作试管棉塞
塑料制品	高压聚丙烯和低压聚乙烯塑料筒袋、折角袋，塑料套环，塑料盖，聚丙烯菌种瓶等	盛装菌种的容器、配件
	塑料盆、塑料桶、量杯等	盛装菌种的容器、废物桶等
燃料	煤、柴等	灭菌用燃料
其他制品	报纸、皮套、线绳、口取纸、油笔、铅笔、火柴等	包裹、记录等辅助用品

三、制种用具

制种常用的工具有衡量用具、玻璃器皿、接种用具（图2-1）、熬煮用具等。制种常用工具的种类与用途见表2-5。

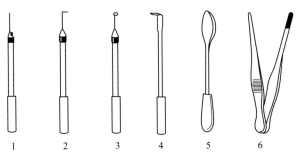

图2-1 接种用具（仿黄毅）

1—接种针；2—接种勺；3—接种环；4—接种镐；5—接种匙；6—镊子

表2-5 制种常用工具的种类与用途

用具类别	用具名称	用具用途
衡量用具	托盘天平、杆秤、磅秤	称量药品及培养料
	100mL、250mL、1000mL等规格量筒、移液管	度量、配制药液
玻璃器皿	18mm×180mm或20mm×200mm试管、培养皿	盛装母种培养基培养母种
	500mL、1000mL等规格广口瓶	盛装酒精棉球、药液等
	100mL、250mL、500mL等规格三角瓶	盛装液体培养基培养液体摇瓶菌种、盛装药液
	菌种瓶或者500mL、750mL罐头瓶	原种、栽培种容器
	温度计、干湿温度计	测定温度、湿度
	酒精灯	烧灼灭菌、火焰封口等
	玻璃搅拌棒等	搅拌
接种用具	尖头镊子、螺纹镊子、长柄镊子	移取酒精棉球、固体菌种等
	接种针、接种勺、接种环	母种提纯、孢子移取等
	接种镐（小）	母种转管
	接种镐（大）	移取母种扩大繁殖成原种
	接种勺	移取原种扩大繁殖成栽培种
熬煮用具	电饭锅等	熬煮营养液、谷物等
其他用具	20mL医用注射器	分装母种培养基
	削皮器	削马铃薯皮
	打孔棒	母种、原种培养基打接种孔
	锹、桶、水管、喷壶、笤帚、周转筐等	拌料、清洁等

四、原料处理设备

原料处理设备主要是指原料粉碎、拌料、装料等，一般小型菌种场或农户小规模生产可以酌情配备。

① 切片机：用来将木材切成规格木片，是食用菌栽培用原材料粉碎处理的预前工序设备（图2-2）。

② 粉碎机：用于木片、秸秆、玉米芯等原料的粉碎加工（图2-3）。

③ 搅拌机：用来将各种培养料混合均匀（图2-4）。

④ 装瓶（袋）机：用于将搅拌均匀的培养料装入菌种瓶或菌种袋（图2-5）。

⑤ 筛分机：用于将木刺等大块杂质筛选出来（图2-6）。

⑥ 传输机：用于传输培养料进入装袋、装瓶机（图2-7）。

图2-2　切片机

图2-3　粉碎机

图2-4　搅拌机

图2-5　装袋机

图2-6　筛分机　　　　　图2-7　传输机

五、灭菌设备

灭菌设备包括各种高压灭菌锅和常压灭菌灶。

1.常用灭菌设备的用途

手提式高压蒸汽灭菌锅用于母种培养基和少量原种培养基灭菌处理；立式高压蒸汽灭菌锅用于原种和栽培种的灭菌处理；卧式高压蒸汽灭菌锅用于大量原种、栽培种和栽培袋的灭菌处理；简易常压蒸汽灭菌灶用于少量原种、栽培种和栽培袋的灭菌处理；简易常压灭菌包用于大量原种、栽培种和栽培袋的灭菌处理；大型常压灭菌灶用于大量原种、栽培种和栽培袋的灭菌处理（图2-8～图2-15）。

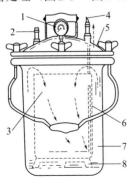
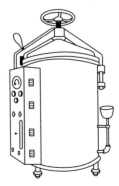

图2-8　手提式高压蒸汽灭菌锅　　　图2-9　立式高压蒸汽灭菌锅

1—温度压力表；2—安全阀；3—内锅；4—放气阀；
5—锅盖；6—排气管；7—外锅；8—支架

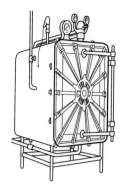

图2-10　卧式高压蒸汽灭菌锅

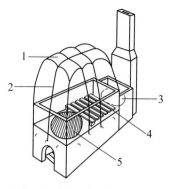

图2-11　简易常压蒸汽灭菌灶

1—塑料布；2—绳索；3—预热小锅；

4—木制蒸层；5—产生蒸汽的大锅

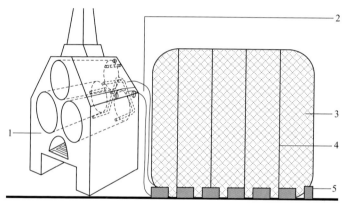

图2-12　简易常压灭菌包

1—蒸汽发生器；2—送气管；3—底部加固的重物；4—加固绳；5—灭菌包

图2-13　大型灭菌锅

图2-14　蒸汽杀菌锅

图2-15　立式灭菌锅

2.常用灭菌设备的使用方法及注意事项

以手提式高压蒸汽灭菌锅和简易常压蒸汽灭菌灶为例进行介绍，其他灭菌设备的使用方法基本相同。

手提式高压蒸汽灭菌锅的使用方法及注意事项如下。

① 安全检查：检查灭菌锅是否存在故障，确认安全后方可使用。

② 加水装锅：向外锅加水，略超过支架；内锅装锅留1/5左右间隙，以利热空气流动。

③ 封锅通电：沿对角线方向旋紧锅盖和锅体，接通电源。

④ 排冷空气：打开放气阀，直至有大量热蒸汽冒出。

⑤ 升温保压：指针到达123℃时，计时并维持123℃至所需的灭菌时间。

⑥ 断电降温：达到灭菌时间后切断电源，让温度和压力自然下降到"0"。

⑦ 出锅清理：打开放气阀，沿对角线方向旋开紧密螺栓开锅。

简易常压蒸汽灭菌灶的使用方法及注意事项如下。

① 安全检查：对灭菌灶及风机进行全面检查，安全、没有故障再进行使用。

② 加水点火：将大锅和小锅的水加满，在装锅前1～2h点火。

③ 装锅封锅：均匀码放灭菌物品，不要装得太紧，最好设蒸层或周转箱，用塑料布或者彩条布严密封好。

④ 装锅注意：夏季装锅、装料要迅速，以防培养料酸败。

⑤ 灭菌初期：烧锅开始2～3h要大火猛攻，尽可能在最短时间内使灭菌温度升高到100℃左右，温度不能有明显下降，做到一气呵成。

⑥ 灭菌中期：温度计或温度压力表显示100℃后2～3h开始计时，保持10～12h，如果灭菌物品多，要适当延长时间，视具体情况而定。

⑦ 灭菌后期：锅体和灭菌物品的温度很高，这时一定要密切注意大锅中的水，千万不能烧干锅。

⑧ 灭菌结束：灭菌结束后，锅内补足水，以防余热烧干锅；闷一夜后第二天再出锅，利用余热可以增强灭菌效果。

⑨ 出锅后期：及时清理锅中废水、灶中煤渣等废弃物，做到不残留；同时将风机等工具入库，并检查灭菌灶的使用情况。

六、接种设备

1. 超净工作台

制种时的空气净化设备，分单人、双人对置和双人平行操作几种（图2-16）。

2. 负离子风机

设备通过瞬间高压电解产生臭氧，臭氧风对接种空间进行消毒。

3. 接种箱

用木材和玻璃制成，密闭效果好，有单人、双人式，是食用菌生产的必备设备（图2-17）。

4. 接种帐

用塑料制作的密闭接种环境，相当于大的接种箱。

5. 接种室

用于接种大量的原种和栽培种。建筑面积$10m^2$左右，配备缓冲间、拉门，要求环境清洁、密闭效果好，室内安装紫外线灯进行消毒。

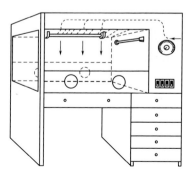

图2-16　超净工作台（仿黄毅）

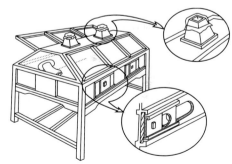

图2-17　接种箱（仿黄毅）

七、培养设备

1. 恒温恒湿箱

用于高温季节或寒冷季节培养少量母种和原种（图2-18）。

2. 摇床

用于在三角瓶中制作少量的液体菌种，常用的有往复式和振荡式两种（图2-19）。

图2-18　恒温恒湿箱　　　　　　　　图2-19　摇床

3. 液体菌种培养设备

用于大量的食用菌深层液体培养或制备液体菌种（图2-20、图2-21）。

4. 培养室

培养菌种的场所，要求清洁、通风良好、保温，室内配备培养架。

图2-20　小型发酵罐　　　　　　图2-21　大型发酵罐

八、其他设备

制种过程中还需要贮藏、保藏、检查等设备。母种贮藏一般选用大容量的冷藏柜（图2-22），经济适用，利用率较高，原种和栽培种的贮藏可以用冷库；保藏菌种可选用不同的设备，常用的主要设备有冷藏柜、干燥器、超低温冰箱等；制种过程中的检查工作主要是对菌丝体进行镜检，常用的是普通光学显微镜。

九、制种设施

制种的基本设施主要包括场区内部的晒料场、原料库、工具库、装料场、灭菌室、冷却室、接种室、培养室、冷藏库、实验室和洗涤室等，同时菌种场还要配备必要的出菇示范场所，如日光温室等。

图2-22　冷藏柜

1. 制种设施的用途与建设要求

① 晒料场：培养料摊晒和处理。要求平坦高燥、通风良好、光照充足、空旷宽阔、远离火源。

② 原料库：存放原材料。要求地势高燥、防雨、通风良好、远离火源。

③ 工具库：放置劳动工具。要宽敞明亮，设置必要的层架以放置小工具。

④ 装料场：培养料混合、分装。要求水电方便、空间充足，室外应防雨防晒。

⑤ 灭菌室：培养基灭菌。要求水电安全方便、通风良好、空间充足、散热畅通。

⑥ 冷却室：培养基冷却。要求洁净、防尘、易散热。

⑦ 接种室：各级菌种的接种。要求设缓冲间，防尘换气性能良好。

⑧ 培养室：菌种培养。要求内壁和屋顶光滑，便于清洗和消毒。

⑨ 冷藏库：成品菌种短期存放。墙壁要加厚，有通风设施及温、湿度调控设备。

⑩ 检验室：菌种质量的检验。要求水电方便、清洁，利于装备相应的检验设备和仪器。

⑪ 洗涤室：洗刷菌种瓶、试管等。要求室内有上、下水道，以利排除污水。

⑫ 保护地设施：出菇示范、菌种培养。要求保温性能好，空气通畅，水、电方便，符合保护地设施要求（图2-23）。

图2-23　日光温室

2. 中、小型菌种场设计

场区应选择建立在地势高燥、通风良好、排水畅通、交通便利的地方，至少300m²之内无禽畜舍，无垃圾（粪便）场，无污水和其他污染源（如大量扬尘的水泥场、砖瓦厂、石灰厂、木材加工厂等）。具体设计时，可按照制种工艺流程，使各生产区形成一条流水作业的生产线，以提高制种效率和保证菌种质量（图2-24）。

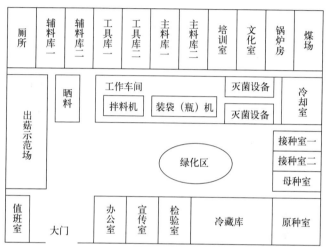

图2-24　标准化中、小型菌种场设计图例

第二节　母种生产

一、培养基配方

母种培养基的配方有许多，最常用的是马铃薯葡萄糖培养基（PDA培养基）和马铃薯综合培养基（CPDA培养基），此外，各地的科研工作者和有经验的生产人员通过不断摸索设计出许多培养基配方，生产者可根据具体情况酌情选择（表2-6）。

表2-6 常见母种培养基配方 单位：g

培养基类别	麸皮	玉米面	黄豆粉	磷酸二氢钾	硫酸镁	维生素B₁
PDA培养基	0	0	0	0	0	0
CPDA培养基	0	0	0	3	1.6	0.01
加富PDA培养基1	20	5	5	0.2	0.2	0.01
加富PDA培养基2	20	5	2	0.2	0.2	0.01
加富PDA培养基3	20	5	2	0.2	0.2	0.01

注：上述配方中马铃薯200g、葡萄糖20g、琼脂18～20g、水1000mL，pH自然；加富PDA培养基2中加入100g新鲜平菇子实体，加富PDA培养基3中加入100g新鲜香菇子实体。

二、制作方法

以加富PDA培养基的制作为例，工艺流程如图2-25所示。扫码视频1查看母种培养基制作技术。

1.工艺流程

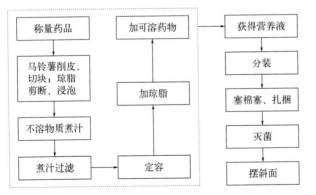

图2-25 加富PDA培养基的制作工艺流程

视频1

2.制作方法

① 马铃薯去皮，挖掉芽眼，切成黄豆大小的块。称量后用略多于用量的水煮20min左右，至马铃薯块酥而不烂，再用4层纱布过滤，取其滤液定容至1000mL。

② 琼脂称好后，用剪刀剪成2cm长的小段，再用清水浸泡，以利于熬煮时溶化。

③ 将琼脂条放入电饭锅滤液中边煮边搅拌，至全部溶化。

④ 切断电饭锅电源，将葡萄糖等可溶性药物加入营养液中，并不断搅拌使之完全溶解，营养液的pH不需要特意调节。

⑤ 利用电饭锅的余热，用20mL医用注射器分装营养液，替代传统的分装台（营养液易凝固且难以准确定量）（图2-26）。营养液以装入试管的1/5～1/4容量为宜，一般18mm×180mm的试管，注入10mL营养液即可。不要让培养液沾到近管口的壁上，每次用注射器抽取营养液后都要用纱布擦干净注射器口。装好后最好置于盛有凉水的塑料桶中，以促进凝固，便于下一步操作。

⑥ 营养液装好后，制作循环使用的纱布棉塞或一次性使用的不包纱布的棉塞，棉塞松紧适度，为试管长度的1/5，2/3插入试管，1/3留在管外。

⑦ 每10支试管捆成一束，管口一端用防潮纸包好，待灭菌。

⑧ 灭菌：按照手提式高压蒸汽灭菌锅的操作规程对培养基进行灭菌。一般123℃灭菌30min。灭菌结束后待温度、压力降到"0"，打开锅盖取出已灭菌物品。

⑨ 摆斜面：趁热将试管摆成斜角，培养基以试管长度的1/2到2/3为宜（图2-27），斜面制成后，如果不马上使用，可在5℃的冰箱中保存待用。

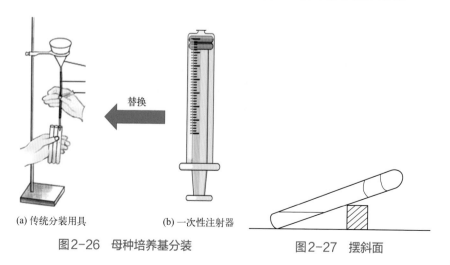

替换

(a) 传统分装用具　　　　(b) 一次性注射器

图2-26　母种培养基分装

图2-27　摆斜面

三、母种转管与培养技术

由于分离或引进的母种数量有限，不能满足生产所需，需进行扩大培养。母种转管的次数不宜过多，否则会降低菌种活力。母种扩繁工艺流程如图2-28所示。扫码视频2查看母种扩繁技术。

1. 工艺流程

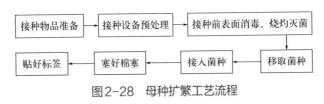

图2-28　母种扩繁工艺流程

视频2

2. 制作方法

① 物品、用具准备：将接种用的相关物品、用具整齐有序地放入超净工作台或接种箱中备用。

② 接种设备预处理：超净工作台在接种操作前30min开启紫外线灯，前20min开启风机；接种箱用气雾消毒剂熏蒸30min后使用。

③ 将洗净的双手伸入超净工作台或接种箱内，用酒精棉球擦拭双手、接种工具和母种试管壁，点燃酒精灯。

④ 以左手四指并拢伸直，手心向上，把待接试管放在中指和无名指之间，斜面向上，菌种试管放在食指和中指之间，拇指按住两支试管的下部管口取齐，见图2-29（a）。

⑤ 右手拿接种镐，将镐头和接种时进入试管的杆部进行烧灼灭菌，见图2-29（b）。

⑥ 左手将两支试管的管口部分靠近火焰，右手同时夹住两个棉塞（右手无名指和小手指夹一个，小手指和鱼际处夹一个），并立即以火焰烧

灼试管口。操作过程中，试管口处于火焰无菌区，见图2-29（b）。

⑦ 将烧过的接种镐伸入菌种管内经管壁冷却，然后取火柴头大小的菌种块，轻轻抽出接种镐（注意不要在火焰上烧灼菌种），迅速将接种镐伸进待接试管中，在斜面中部放下菌种，抽出接种镐放于母种试管中供连续使用（一般转管的数量不止一支，需要连续使用接种镐），见图2-29（c）、（d）。

⑧ 烧灼棉塞至微焦，在无菌区塞好棉塞（注意不要用试管口去迎棉塞；连续转管操作只塞接种结束的试管，菌种管棉塞继续拿在手中，如果转管操作需要将母种使用完，那么母种试管棉塞在操作之初就可以放置在操作台面的培养皿中）。

⑨ 接种完毕后，及时贴上标签，规范书写标签内容。

⑩ 培养：接种后，在22℃的恒温培养箱中闭光培养，及时淘汰染杂的试管，一般10d左右菌丝可长满管。

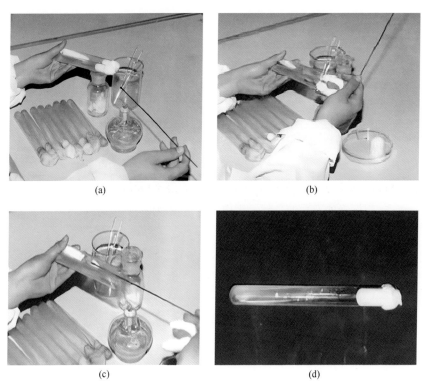

(a)

(b)

(c)

(d)

图2-29　母种转管

第三节　原种、栽培种生产

一、培养基配方

原种和栽培种的配方很多，这里介绍几种草腐生型和木腐生型的常用配方及谷物培养基配方（表2-7、表2-8）。

表2-7　草腐生型、木腐生型常用配方　　　　　单位：%

配方	棉籽壳	木屑	玉米芯	稻草	麸皮	玉米面	豆秸粉	石灰
一	—	80	—		12	3	0	2
二	—	—	80		14	2	—	2
三	—	20	42	—	10	3	20	2
四	99	—	—		—	—	—	1
五	30	58			8	—	—	2
六	—			75	20			3

注：上述配方中加入过磷酸钙1%～1.5%、蔗糖0.5%、尿素0.5%、磷酸二氢钾0.2%。配方一适合香菇、黑木耳、平菇原种生长，菌丝粗壮洁白；配方二适合培养平菇原种，菌丝生长速度快，且菌丝粗壮；配方三适合培养平菇原种，菌丝生长健壮；配方四、五适合大多数品种；配方六适合草腐生型品种。

表2-8　谷物培养基配方　　　　　单位：%

配方	小麦	玉米	木屑	过磷酸钙	石灰
小麦配方	78	—	20	1	1
玉米配方	—	98	—	1	1

二、制作方法

草腐生型、木腐生型培养基制作工艺流程如图2-30所示。扫码视频3查看原种、栽培种培养基制作技术。

1. 工艺流程

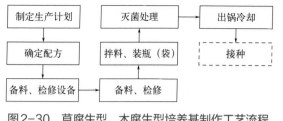

图2-30 草腐生型、木腐生型培养基制作工艺流程　视频3

2. 制作方法

（1）草腐生型和木腐生型原种、栽培种培养基制作

① 拌料：干混（将主料和辅料混匀）；湿混（将石灰等微溶和溶于水的辅料制成母液，加入所需水量稀释后搅匀拌料）。

② 装瓶：闷1～2h（夏季时间不宜过长），待培养料充分吸水后装料（原种、栽培种可以使用500mL或750mL罐头瓶，栽培种一般使用17cm×35cm×0.005cm的筒袋或折角袋）至瓶肩处，培养料做到上紧下松，擦干净瓶口内外侧，打0.5cm粗接种孔至瓶底，用双层封口膜封口（原种分别用带接种孔的封口膜，即普通封口膜剪边长1.5cm菱形口和普通封口膜封口）；栽培种袋、筒袋一般两端直接扎绳，留够接种的长度；折角袋一般直接使用专用的塑料套环和塑料盖，塑料袋栽培种填料做到松紧适度，料袋不打折，用手触摸袋壁挺实不塌陷。

③ 灭菌：高压灭菌于126℃左右维持2h；常压灭菌于100℃维持10～12h，夏季时间可酌情延长。栽培种袋灭菌最好使用周转框，以保证灭菌效果。

④ 出锅、冷却：出锅后置于接种室或接种帐内冷却，准备使用。

（2）谷物原种培养基制作方法

① 泡小麦：冬天浸泡24～48h，夏天浸泡10～12h，泡好的小麦用清水漂洗干净。

② 煮小麦：煮至充分吸水、无白心。煮后的小麦不能在电饭锅中久放，以防煮开花。木腐生菌类添加10%的木屑效果更好。木屑用煮小麦的水拌料，料：水=1：0.5的比例拌和，同时添加木屑干重的0.5%的蔗

糖、0.5%的尿素、1%的石灰。

③ 装瓶：将小麦粒捞出后，趁热摊平，使表面多余水蒸发，装至瓶肩处即可。如需拌木屑，将50%调好的木屑混于麦粒中，其余在瓶内麦粒上铺1cm厚作过桥。培养双孢菇菌种或快速培养菌种，可装半瓶麦粒，后期进行摇瓶处理。

④ 封瓶口：分别封两层塑料，内层塑料封剪菱形接种孔。

⑤ 灭菌：麦粒菌种一般采用高压灭菌方式，于126℃左右维持2h即可。

三、原种、栽培种扩繁与培养

原种和栽培种扩繁一方面是为了增加数量，另一方面是为了使菌种能够适应栽培料的营养条件，操作的工艺流程基本相同（图2-31）。扫码视频4查看原种、栽培种扩繁技术。

1.工艺流程

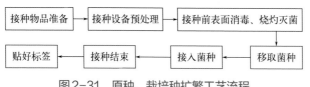

图2-31 原种、栽培种扩繁工艺流程

视频4

2. 制作方法

少量原种制作可利用超净工作台或接种箱。接种的无菌操作规程和母种转管的无菌操作基本相同。具体操作是：母种用接种镐弃去前端1cm左右部分，然后铲取1cm长左右菌种块，迅速移入原种培养基上，动作要迅速（图2-32）。

大量原种接种往往利用塑料接种帐或接种室，按照无菌操作规程，3个人配合进行接种。具体操作是：在酒精灯火焰附近，1人负责铲取菌种，1人负责掀开第一层塑料皮，2人配合将菌种接入，掀皮的人同时负责迅速封好塑料皮；第3个人负责搬动罐头瓶及喷消毒药等工作。3人配合，动作要迅速，每一次接种的时间夏季以1h左右为宜，冬季可以适当延长。

实际操作中，这种方法方便、快捷，处理量大，接种效果很好。接种后于22℃左右的培养室暗光培养。培养的最初10d，每天都要检查，及时挑选污染菌种瓶，妥善处理。

栽培种的接种方法，与原种相似。一般罐头瓶栽培种制作也是3个人配合，用接种匙挖取菌种。如果配合熟练，可在短时间内大量接种，效果也很好。如果栽培种制作用塑料袋作容器，则接种时采取4人配合的形式，1人负责挖取菌种，1人负责把持袋口，另外2人负责打开袋口和封口。培养方法基本同原种原始培养方法。

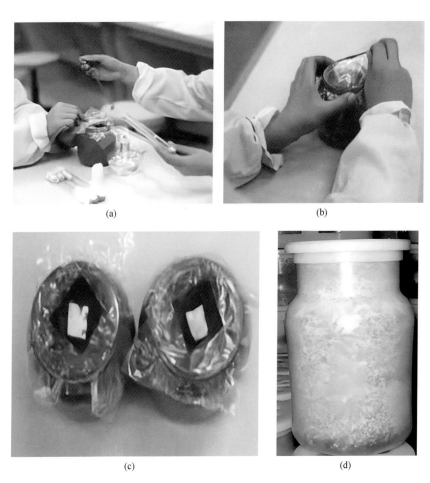

(a)

(b)

(c)

(d)

图2-32　原种扩繁

第四节 菌种质量鉴定与保藏

一、菌种质量鉴定

扫码视频5查看菌种质量的鉴定。

视频5

1. 外观鉴定

① 母种外观鉴定。见表2-9、图2-33（a）。

表2-9 优质母种外观鉴定的标准

菌种类型	优质菌种标准
香菇	菌丝白色，棉絮状，初时较细，色较淡，后逐渐粗壮变白，气生菌丝有爬壁现象
双孢菇	气生型，菌丝雪白、绒毛状、外缘整齐；贴生型，菌丝紧贴培养基表面延伸、纤细、灰白色、稀疏、生长速度慢；线状型，菌丝较粗壮、在培养基表面呈线状生长、生长速度较快
金针菇	菌丝白色，细棉绒状，稍有爬壁能力
平菇	菌丝白色，粗壮有力，气生菌丝发达，爬壁性强，菌丝密集，生长速度快
猴头菇	菌丝白色，繁殖较慢，呈绒毛状，紧贴培养基表面放射延伸，无气生菌丝
草菇	菌丝浓密，均匀，灰白色或淡黄白色，透明状，生长快，厚垣孢子少
黑木耳	菌丝白色至米黄色，平贴培养基匍匐生长，菌丝短，整齐

② 原种、栽培种外观鉴定。用手抓住棉花塞轻轻提起，棉花塞或皮套松紧应适度；随机抽样检查，把棉花塞拔起后，用鼻子嗅菌种气味，若菌种中散发出酸、霉、臭等气味，则说明菌种有杂菌污染；看菌种外观，应未破瓶、破袋；再看菌种是否纯度高，菌丝色泽要正，多数种类的菌丝应纯白，原种、栽培种菌丝应连结成块，无老化、变色、吐黄水等现象；菌丝要粗壮，长势强，分枝多而密；菌种要湿润，含水适宜，不干缩脱壁[图2-33（b）、（c）]。

2. 液体鉴定

在2%蔗糖水中接种待鉴定菌种，如培养后出现浑浊或稀薄现象，说明该菌种不可用于栽培；如培养结果为洁白的菌丝球，该菌种可以放心用于生产［图2-33（d）］。

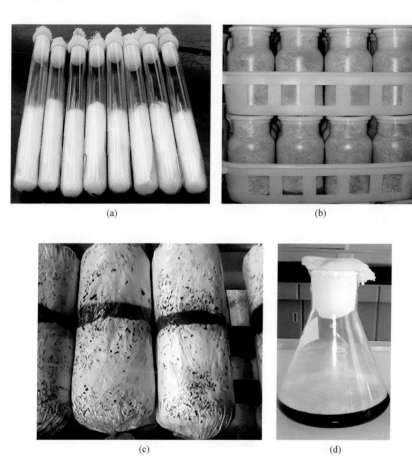

(a)

(b)

(c)

(d)

图2-33　菌种质量鉴定

3. 出菇试验

大规模生产前，进行出菇试验，是保证生产成功的重要方面，也只有出菇试验，才能够最终直观地体现菌种质量情况。

二、菌种保藏

菌种保藏的方法很多，通常采用的手段是低温、干燥和减少氧气供应，这里介绍比较常用的斜面低温保藏、液体石蜡保藏和液氮超低温保藏方法。

1. 斜面低温保藏

将加富PDA培养基的琼脂用量增加到25g/1000mL，18mm×180mm试管装营养液12mL，斜面长度为试管长度的1/2，常规接种，培养至菌落接近长满整个培养基斜面时，按照无菌操作将棉塞换成橡胶塞，并用石蜡封口，放入4～5℃冰箱内保存。每隔3～6个月转管一次。草菇菌种不耐低温，保存温度应提高到10～15℃。如果将PDA培养基换成麦粒或者木屑等培养基，不但可以保藏菌种，还可以起到菌种复壮的作用（图2-34）。

2. 液体石蜡保藏

将生长健壮的母种按照无菌操作，将灭菌的水液体石蜡灌注至斜面上方1cm处，同样用无菌橡胶塞和石蜡封口。常温下可保藏5～7年。使用时用接种针从液体石蜡浸泡的斜面上挑取菌丝，接种到适宜的母种培养基上，余下的母种可继续保藏。由于第一次转接的菌丝沾有石蜡，生长微弱，因此必须再转接一次才能恢复正常生长状态。

3. 液氮超低温保藏

利用液氮罐，在-196℃的低温条件下保藏菌种10年左右，是目前最理想的菌种保藏方法，但是价格昂贵，需要专人维护，适合科研院所使用。

具体的操作方法是，采用10%（体积分数）的无菌冷冻保护剂如甘油蒸馏水溶液，淹没母种培养基斜面，按照无菌操作轻轻刮落斜面上的菌丝体，使其成悬浮液。将0.5～0.8mL悬液按照无菌操作注入无菌的安瓿管中，熔封瓶口，检查不漏气后，置液氮冷却器内，以每分钟下降1℃的速度缓慢降温至-35℃，以后冻结速度就不需控制，迅速降低到气相-150℃或液相-196℃进行长期保藏（图2-35）。

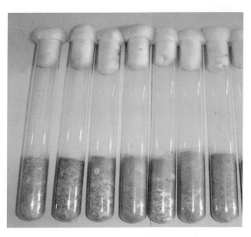

图2-34 木屑保藏母种

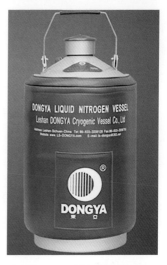

图2-35 液氮超低温罐

第五节 生产案例分析

一、案例一

400瓶（500mL罐头瓶）鸡腿菇原种8月10日投入使用。

1. 时间、数量（表2-10）

表2-10 生产计划时间、数量安排

项目	原种接种	原种投入使用
时间	7月20日	8月10日
数量	500瓶	400瓶

2. 确定配方

选用玉米99%、石膏1%配方。

3. 生产用具、设施

生产前按照生产工艺流程和数量要求提前准备生产用具等，对生产设施进行全面检修。

4. 生产物料预算（表2-11）

表2-11　生产计划物料预算

物料种类	物料数量	单价	成本/元
母种	100支	1.00元/支	100.00
玉米	125.00kg	2.00元/kg	250.00
石膏	1.25kg	0.5元/kg	0.63
罐头瓶	500个	0.20元/个	100.00
皮套	1000个	5.00元/1000个	5.00
封口膜	1000个	6.00元/300个	20.00
95%酒精	1瓶（500mL）	5.00元/瓶	5.00
气雾消毒剂	2盒（50g/盒）	3.00元/盒	6.00
脱脂棉	1袋	12.00元/袋	12.00
记号笔	2支	2.00元/支	4.00
口取纸	20张	0.50元/张	10.00
火柴	1盒	0.10元/盒	0.10
烧柴	10kg	0.20元/kg	2.00
煤	150kg	1.00元/kg	150.00
成本合计			约665.00

注：500mL罐头瓶按照250g干玉米/瓶计算；表中物料价格仅供参考，其他成本视生产实际确定。

二、案例二

4500袋（17cm×35cm×0.005cm筒袋）鸡腿菇栽培种9月1日投入使用。

1. 时间、数量（表2-12）

表2-12　生产计划时间、数量安排

项目	栽培种接种	栽培种投入使用
时间	8月10日	9月1日
数量	5000袋	4500袋

2. 确定配方

选用玉米芯 80%，麸皮 17%，蔗糖 0.5%，尿素 0.5%，石膏 1%，石灰 1%，过磷酸钙 0.5%，磷酸二氢钾 0.1%，硫酸镁 0.1%，料：水 =1：1.2。

3. 生产用具、设施

生产前按照生产工艺流程和数量要求提前准备生产用具等，对生产设施进行全面检修。

4. 生产物料预算（表2-13）

表2-13　生产计划物料预算

物料种类	物料数量	单价	成本/元
玉米粒原种	400瓶	—	680.00
玉米芯	1800.00kg	0.80元/kg	1440.00
麸皮	382.50kg	1.60元/kg	612.00
蔗糖	11.25kg	5.00元/kg	56.25
尿素	11.25kg	2.00元/kg	22.5
石灰	22.5kg	0.20元/kg	4.5
石膏	22.5kg	0.50元/kg	11.25
过磷酸钙	11.25kg	0.60元/kg	6.75
磷酸二氢钾	2.25kg	20.00元/kg	45.00
硫酸镁	2.25kg	20.00元/kg	45.00
筒袋	5000个	8.00元/100个	400.00
线绳	1万个	5.00元/1000个	50.00
95%酒精	5瓶（500mL）	5.00元/瓶	25.00
气雾消毒剂	10盒（50g/盒）	3.00元/盒	30.00
脱脂棉	1袋	12.00元/袋	12.00
记号笔	2支	2.00元/支	4.00
火柴	2盒	0.10元/盒	0.20
烧柴	100.00kg	0.20元/kg	20.00
煤	1.5t	1000.00元/t	1500.00
其他	—		500.00
成本合计			约5464.00

注：上述规格栽培种袋按照500g干料/袋计算；表中物料价格仅供参考，其他成本视生产实际确定。

第三章
食用菌生态栽培技术

第一节　鸡腿菇生态栽培技术

一、概述

鸡腿菇（*Coprinus comatus*）也叫鸡腿蘑、刺蘑菇，学名毛头鬼伞，是一种形似鸡腿、食药兼用的大型伞菌（图3-1）。鸡腿菇肉质肥厚细嫩，滑脆爽口，味道鲜美，营养丰富。据分析，每100g干菇中含粗蛋白25.4g、脂肪3.3g、总糖58.8g、纤维7.3g、灰分12.5g。同时，鸡腿菇也是药用菌，味甘滑、性平，有益脾胃、清心安神、治痔等功效，它还含有治疗糖尿病的有效成分；其热水提取物对小白鼠肉瘤S-180和艾氏腹水癌的抑制率分别为100%和90%。

从20世纪60年代开始，德国、英国和捷克等国家的食用菌研究人员，就已进行鸡腿菇的驯化栽培等方面的研究工作。我国鸡腿菇的人工栽培始于20世

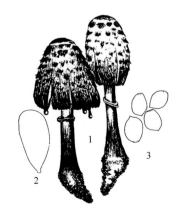

图3-1　鸡腿菇形态（仿卯晓岚）

1—子实体；2—囊体；3—担孢子

纪80年代，先后经多家科研院所对我国北方产的鸡腿菇进行调查、采集、分离菌种和栽培等科研试验工作，总结出了一套完整的菌种生产和栽培技术措施，从20世纪90年代开始在全国范围内推广，并很快形成商业化生产。

鸡腿菇是典型的粪草腐生型食用菌，而且具有不覆土不出菇的特点。我国农作物秸秆年累积量约为3.7亿吨，如果用其中1%来栽培鸡腿菇，那么可以生产出370多万吨优质鸡腿菇（2005年我国鸡腿菇产量370万吨，居世界第一）。目前该品种已被定为符合联合国粮农组织（FAO）和世界卫生组织（WHO）要求的集"天然、营养、保健"三种功能为一体的16种珍稀食用菌之一，是一种具有较大商业潜能和开发前景的优质珍稀食用菌。鸡腿菇具有很强的适应能力，熟料栽培、发酵料栽培都可以，可以采用袋栽、箱栽、畦栽等方法，而且室内和室外都能够进行栽培，本章主要介绍保护地发酵料袋栽畦床式出菇和露地套种栽培技术。

目前我国鸡腿菇栽培的品种较多，大多是由自然发生的鸡腿菇子实体经过组织分离和进一步选育而获得的，也有从国外引进的优良品种，分为单生种和丛生种两类（表3-1）。

表3-1　鸡腿菇栽培品种介绍

品种类型	品种名称	种性特点
丛生	Cc173	适温广，抗性强，适于鲜销
	昆研C-901	中温型品种，适于鲜销
单生	Cc168	引进种，个大，不易开伞，适于制罐
	Cc100	引进种，个大，产量高，适于制罐和鲜销
丛生或单生	唐研1号	适温广，出菇早
	特大型EC05	抗杂、抗衰老，适于鲜销和制成盐渍品

除此之外，各地科研和生产单位选育出了一些优良菌株。例如1998年4月崔颂英等于辽宁熊岳镇温泉村某菜园地采集到丛生性极强的野生鸡腿菇，后经子实体组织分离的方法分离纯菌种，经过两年三个周期的栽培试验，选育出优良品种Cc-1，已在辽宁各地进行试种，效果良好。其他的还有单生品种Cc123、Cc155，丛生品种Cc-3、Cc-8、Cc91-1、Cc9601、Cf-10等。

自然环境条件下，鸡腿菇出菇季节为3～6月和9～10月，夏季和冬季不出菇或出菇少，并且长出的菇质量差。因此，保护地发酵料袋栽畦床式出菇一般安排在3～6月和9～12月为宜；露地套种栽培如露地葡萄套种鸡腿菇安排在4～11月。

扫码视频6查看鸡腿菇栽培。

视频6

二、鸡腿菇与露地葡萄套种技术

鸡腿菇露地套种的栽培方式（图3-2）充分利用了绿色植物生长后创造的保湿、透气、通风、遮阴的小环境，为鸡腿菇提供了更接近于自然的生态条件，能够生产出质量更好的鸡腿菇，而且实现了一地两收，充分利用了土地资源，提高了单位面积产值，经济效益十分显著。另外，种菇后的菌糠还可以直接还田、还林，增加了土壤肥力，促进地力良好循环，生态效益明显。

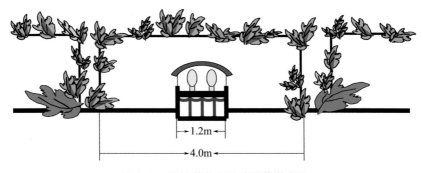

图3-2　露地葡萄套种鸡腿菇模式图

葡萄是世界上落叶果树栽植面积最大的树种，栽培形式灵活多样，能够充分利用空间，大田露地棚架栽培是主要的栽培形式之一。但是大田露地棚架栽培葡萄出于栽培管理的需求，葡萄架下一般有宽4m左右的空闲地，果农在栽培管理过程中一般是闲置这块空闲地，或栽种少量低矮作物。而葡萄架下却为鸡腿菇的生长创造了适宜的生长条件，结合葡萄的栽培管理，再适当采取必要的措施，就可以实现在葡萄架下套种鸡腿菇，获得理想的经济效益。崔颂英等于2003～2005年承担了"露地葡萄套种鸡腿菇"科技扶贫项目，取得了明显的经济效益，这里以辽宁南部地区为例介绍这项技术。

葡萄每年随四季变化，呈现出春季萌芽生枝、夏季枝叶繁茂、秋季果实累累、冬季落叶冬眠的年生理变化规律。通常人们把葡萄年周期活动分为树液流动期、萌芽期、新梢生长期、开花坐果期、浆果生长期、浆果成熟期六个候期。露地葡萄套种鸡腿菇的栽培技术，以葡萄生产为主，以鸡腿菇生产为辅，因此葡萄生产工艺按照常规操作进行，鸡腿菇栽培也按照常规进行，只是要将套种的管理和葡萄的生产管理有机衔接，并采取必要的保温、保湿、光照、通风等措施，做到保证葡萄正常生产，鸡腿菇套种合理适时（图3-3）。

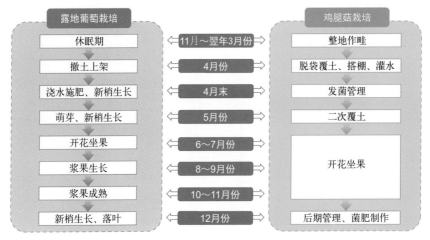

图3-3 鸡腿菇与露地葡萄套种的农事安排

1. 准备工作

葡萄生产按部就班进行即可。菌袋制作把握好时间，以便与葡萄生产和环境条件紧密衔接，确保利用最佳自然条件。整地作畦和搭建露地小拱棚的用品及相关的消毒药品等要提前准备。

2. 配方选择

鸡腿菇菌丝体阶段C/N为20∶1，子实体生长阶段C/N为30∶1～40∶1。可以根据当地的资源优势，因地制宜选用合适的配方（表3-2）。

表3-2　鸡腿菇栽培料配方　　　　单位：%

配方	玉米芯	棉籽壳	木屑	麸皮	稻糠
一	85	—	—	10	—
二	—	85	—	10	—
三	50	—	25	—	20
四	—	60	15	—	20

注：上述配方中添加尿素0.5%，石灰4%，过磷酸钙0.5%，料：水=1∶1.3。

3. 发酵料制作

（1）发酵料制作的原理　鸡腿菇培养料的发酵处理是典型的好氧型发酵。其原理是将培养料拌制后进行堆积，利用培养料中嗜热微生物（几种放线菌）的繁殖产生的热量使料温升高，从而杀死培养料中的部分微生物和害虫。发酵的料堆明显地分为内部的厌氧层、外部的好氧层和中部的发酵层。培养料的发酵层温度控制在60～65℃，整个发酵过程料堆的积温累计达到2400～3000℃（图3-4、表3-3）。

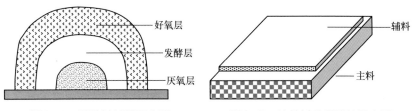

图3-4　发酵料料层示意图　　　　图3-5　培养料分层铺放示意图

表3-3　发酵料制作的效用

发酵效用	发酵特征
消毒杀虫	利用发酵层所产生的高温，杀死培养料中的害虫和杂菌
降解物质	嗜热微生物分解培养料，破坏细胞壁，便于菌丝吸收利用
增加氮源	嗜热类微生物吸收无机氮合成自身蛋白质，死亡后将有机氮补充到培养料中
诱导作用	诱导厌氧层和好氧层的孢子和虫卵萌发、孵化，进入发酵层后杀死

（2）拌料　按照生产预算称取主、辅料，培养料应新鲜、无霉变，玉米芯等主料在太阳下暴晒2～3d。大量栽培可以按照生产计划分期、分批拌料。拌料时首先将干料分层次铺开，尽量铺均匀（图3-5）；将拌料

需要的水放入大桶或贮水池中（农户生产也可以在地上挖水坑，内铺塑料布作为贮水池，每立方米装水1t）。将易溶于水的蔗糖、尿素等辅料加水溶化，加入其中；将微溶于水的石灰、过磷酸钙等也加入水池中（过磷酸钙如果结块要将其研磨碎）；拌料时用潜水泵抽水，也可以用其他盛器舀出使用。手工拌料要先将贮水池中60%左右的营养液浇入料堆后再整体拌制一次，第二、三次拌制时将剩余的营养液逐渐加入。如果使用搅拌机拌料，则一边加干料一边加营养液。拌料时不要先将干料进行人工拌制混匀，尤其是不提倡将石灰加入干料中再人工混匀，这样灰尘太大，而且石灰粉对人体伤害很大。这里还特别需要注意的是，在选择石灰时，一般使用前要用广泛pH试纸测试饱和石灰水的酸碱度，一般在pH为12～14，如果pH太低，则不能使用；拌料后也要测定培养料的pH，要求pH为8左右，否则很容易影响培养料发酵效果。

（3）建堆 日平均气温20℃左右（9～10月份），建成堆高1m、堆顶宽0.8m、堆底宽1.2m、长不限的棱台形料堆。料堆顶部及两侧间隔30cm左右打一到底的透气孔，第一、二天加盖塑料布，以后撤掉。注意建堆时不要将培养料拍实，培养料自然的松散状态有利于加深发酵层的厚度。

（4）翻堆 翻堆是为了改变料堆的结构，使培养料都得到充分的发酵。对于翻堆时间间隔的提法很多，但是，只要把握发酵料制作的两个基本原则，那么无论在什么季节或是遇到什么特殊情况，如能灵活掌握、准确操作，即可保证发酵效果。第一个原则是，料堆在发酵过程中用温度计监测发酵层的温度，使其保持在60～65℃，但不能长时间超过65℃，也不能长时间低于40℃。长时间高于65℃易发生蛋白质分解产生氨气，造成氮源的损失；长时间低于40℃易造成在发酵期间或栽培袋发菌时鬼伞大量发生。发酵层的深度（距料面高度）需要细心观察，因为不同的培养料配方、含水量、环境温度等都影响发酵层的深度，一般玉米芯主料的发酵层深度在10～12cm，颗粒度小的培养料发酵层浅，颗粒度大的培养料发酵层深，这与氧气的供给量直接相关。第二个原则是，保证发酵料的积温达到2400～3000℃。

具体的规律是建堆后当发酵层温度达到60～65℃时，计时10～12h后第一次翻堆；翻堆后重新产生发酵层，一般10～12h发酵层温度再次上升到60～65℃，保持10～12h后进行第二次翻堆；如此进行第三次翻堆；第四次翻堆时直接散堆，使料温下降停止发酵，准备使用发酵好的培养料进行装袋播种。按照上述的温度变化规律进行翻堆和散堆，培养料的总发酵时间40～48h，发酵温度60～65℃，积温为2400～3120℃。高温时节，初次产生发酵层的时间间隔短，翻堆后料温很快又升高，一定要注意监测温度，否则发酵时间过长产生白化现象，培养料营养消耗太大；低温时节，初次产生发酵层的时间间隔长，翻堆时间间隔也长，这时如果遇到阴冷天气，可以人为地向料堆内浇热水，以利于料温升高，但不能急于翻堆，否则发酵时间过短，易发生鬼伞，培养料也会酸败。现在一般也会利用食用菌栽培的专用发酵剂，发酵效果很好。发好的培养料，吸水性好，色泽酱褐，闻之有清新的土香味，有大量白色雪花状的放线菌分布。

结合翻堆，可以在第三、四次喷洒800倍液溴氰菊酯杀虫，也可以在最后一次翻堆时将维生素类辅料喷洒在料堆中。

4. 装袋播种

鸡腿菇栽培袋选择低压或高压聚乙烯袋，规格一般为折径（24～25）cm×长（45～50）cm×厚0.025cm。栽培袋在距袋口6cm处用缝纫机大针码间隔0.5cm跑两趟微孔，中间部分两等份同样各跑两趟微孔。播种时，菌种放于微孔处，利用微孔既能增氧，又能防止杂菌污染。播种采用四层菌种三层料的方法，用种量为干料量的20%左右，投种比例为3∶2∶2∶3，两头多，均匀分布；中间少，周边分布。菌种要事先挖出，掰成约1cm见方的小块，放在消毒的盆中盛装集中使用，也可以随用随挖取。污染、长势弱、老化的菌种不用或慎用。料袋两头用细绳扎活结即可，也可以用套环覆盖报纸，用皮套箍紧，以便于透气，扎口端各占用栽培袋5cm左右。一般在栽培袋装袋前集中将栽培袋的一端扎紧，其端面采取折纸扇的方法折好后用细绳捆扎（图3-6）。

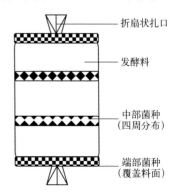

图3-6　装袋播种示意图

（1）装袋播种的具体方法

① 填第一层料播撒第一层菌种。向扎好的栽培袋内装料，高度以10cm左右为宜；用手在袋内压料面，使料面平整，与微孔对齐；再从料袋外侧沿四周稍压平整的料面，使料面周边与抻直的料袋内壁形成一圈凹槽；将准备好的菌种沿凹槽均匀放入（将颗粒明显的菌种分散摆放在四周）。

② 填第二层料播撒第二层菌种。继续向栽培袋内填料，高度以12cm为宜，压好后料面高度与微孔高度一致，同样将料面周边压出凹槽，播撒菌种。

③ 填第三层料播撒第三层菌种。按第二层方法填料。此次填好料后，料面压平，不处理周边，将菌种撒在整个料面上，大小菌种块均匀分布，折纸扇式将栽培袋扎紧，以微孔露出，扎口后以留出1.5cm塑料袋且扎口绳不脱落为宜。

④ 最后打开原先的扎口端，将栽培袋的褶皱拉直，继续填料至微孔处，按照第三层菌种的播撒方法将最后一层菌种播撒在料面，同样将袋端扎好。

（2）装袋播种的注意事项

① 装袋前要把发酵料再充分拌一次。如果培养料太干，可以适当用喷壶补水。由于发酵料的水分已经充分渗透到培养料的内部，因此发酵后的培养料补水时要注意，培养料手握松软成团就可以了，不能有水渗出。

② 拌好的料应尽量在4h内装完，以免放置时间过长，培养料发酵变酸。

③ 装袋时压料要均匀。做到边装边压、逐层压实、松紧适中，一般以手按有弹性，手压有轻度凹陷，手托挺直为度。料装得太紧，透气性不好，影响菌丝生长；装得太松，则菌丝生长细弱无力，在倒垛时易断裂损伤，影响发菌和出菇。

④ 料袋要轻拿轻放，防止料袋破损。认真检查装好的料袋，发现破口要用透明胶带封贴。

5. 发菌管理

棚室用硫黄粉、敌百虫掺豆秸、刨花等易燃物燃烧熏蒸消毒，密闭24h就可以将菌袋搬入进行发菌管理。

（1）温度管理　料袋码放的层数应视环境温度而具体掌握。气温在10℃以下时，可堆积4～5层；气温在10～20℃时，以堆3～4层为宜；

气温在20℃以上时，菌袋宜单层排放，不宜上堆。但管理的关键是料袋内插温度计，以不超过22℃为宜，不能超过28℃。堆垛发菌后，要定期检查料袋中温度计的显示，注意堆温变化（图3-7）。

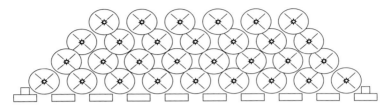

图3-7　栽培袋单墙式堆垛发菌示意图

（2）O_2与CO_2　一般菇棚每天通风2～3次，每次30min，气温高时早晚通风，气温低时中午通风，保持发菌环境空气清新。

（3）**湿度管理**　日光温室内空气相对湿度以60%～70%为宜，既要防止湿度过大造成杂菌污染，又要避免环境过干而造成栽培袋失水。

（4）**光线管理**　培养室内光线宜弱不宜强，菌丝在弱光和黑暗条件下正常生长，光线强不利于菌丝生长。因此，在日光温室内发菌应覆盖草帘遮光。

（5）**倒垛**　堆垛后每隔5～7d倒垛一次，将下层料袋往上垛，上层料袋往下垛，里面的往外垛，外面的往里垛，使料袋受温一致，发菌整齐。倒垛时，发现有杂菌污染的料袋，应将其拣出单独培养；若发现有菌丝不吃料的，必须查明原因，及时采取措施。

6. 整地作畦

葡萄架下畦床的走向与葡萄架的纵向一致，畦宽1.2m，深20～30cm，每个葡萄架下制作一个畦床，长度视葡萄架长短灵活选择。畦床做好后，先在畦底及畦床四周撒一薄层石灰粉进行消毒、驱虫。需要强调的是，为了防止出菇期间雨量充沛造成畦床被淹，一般采取制作高畦的措施（图3-8、图3-9）。

7. 脱袋覆土

鸡腿菇的栽培特点是覆土才能出菇，不覆土不出菇。覆土材料要求土质疏松，腐殖质含量丰富，沙壤质，含水量适中，即手握成团、触之即散的程度，土粒直径0.5～2cm为宜。覆土材料加入2%的生石灰，调节pH至8左右，再加入0.1%多菌灵，经堆闷消毒、杀虫后使用。处理好的覆土材料应及时使用，不宜长时间存放。若一时用不完，应放在消过毒的房间内，存放时间不超过5天。菌袋菌丝长满10天后，剥去菌袋的薄膜，将菌棒从中部断开，断端朝下竖直排放在畦内，菌棒和菌棒之间有1～2cm的空隙，用覆土填满。当所有菌袋排放完后，上面覆土3～5cm，覆土后浇1次重水，水渗透后，将菌床表面缝隙或露菌料处再用土覆盖好（图3-10）。2～3d后待覆土中的水分稍蒸发，土壤比较透气时，盖上黑色塑料薄膜保温保湿，促使菌棒内的菌丝快速向覆土层中生长。一般10～15d后，菌丝可长至土层表面，露出白色绒毛状菌丝，大部分土壤出现裂纹，局部有菇蕾出现，此时要进行二次覆土。二次覆土是保证鸡腿菇高产的重要环节，覆土层以2cm厚为宜，并以喷壶浇水至土壤湿透。

图3-8 整地作畦

图3-9 喷杀虫剂

图3-10 脱袋覆土

8. 搭建拱棚

将2.0m长的竹坯十字形插入畦床两侧内壁，十字交叉的顶部再加一条竹坯，绑缚在交叉的竹坯上，起到加固的作用。拱架上铺一层薄膜，两端离地20cm，利于通风换气。薄膜上铺草帘，起到遮光、保湿的作用，覆盖的草帘可以使用旧草帘，但最好将草帘剪断成边长1m左右的小块，以便于后期管理（图3-11～图3-13）。

图3-11 搭建拱棚

图3-12 拱棚加固

图3-13 浇水

9. 出菇管理

二次覆土后不再覆盖塑料薄膜，7～10d后第一茬鸡腿菇如雨后春笋破土而出（图3-14、图3-15）。出菇期间子实体分化温度以10～20℃最适宜，生长温度以16～24℃最适宜。若低于10℃或高于30℃，子实体均不易形成。在适温范围内，若温度偏低，虽然子实体生长缓慢，但菇体肥大，结构紧密，质量好，保鲜期长（图3-16）；若温度偏高，子实体生长快，但柄长，盖小而薄，容易开伞。

子实体生长时期空气湿度可控制在85%～90%之间，湿度过低，子实体生长缓慢，菇体瘦小，菌盖表面干裂；若空气湿度长期在95%以上，

图说食用菌生态栽培技术

容易发生病虫害，尤其易患斑点病。湿度的控制主要靠喷水和通风来调节，喷水时要注意，菇蕾禁喷，空间勤喷；幼菇酌喷，保持湿润；成菇轻喷。

图3-14　原基分化

与其他喜光的品种相比，子实体形成和生长发育对光线不敏感，在微弱的光照下，生长正常，菇体洁白，表面光滑，不易起鳞片。相反，光线过强，子实体菌盖上起鳞片，鳞片变为褐色，质量下降。因此，在出菇期间，要减少光照，使其处于黑暗或弱光下生长。

图3-15　幼菇期

由于子实体生长速度很快，要结合湿度管理，加大通风换气。若通风不良，则生长迟缓，容易形成盖小柄长的畸形菇。

出菇期间，白天温度高、湿度低，可以适当将背风侧的草帘用砖块支起，加大通风和降温，夜晚将草帘的另一侧也支起来，加大通风和降温。秋季管理的重点是保水、保湿，可以结合潮间灌水增加水分和湿度，另外由于

图3-16　成熟期

秋季风大，白天可以将草帘全部盖上，晚上再适当支起来进行通风。

10. 采收加工

鸡腿菇露出土层后，环境条件适宜，生长速度极快，一般3～5d可采收。采收标准是手捏菌盖稍有蓬松感；切不可采收过晚，以免菌盖老化变黑自溶（图3-17），失去商品价值，不可挽回。采收时因子实体柄基部

带泥土，因此要使用报纸等将采收后的子实体分层摆放，以免人为造成菇体沾泥，给后续加工带来不便。采收后的鸡腿菇要及时削去泥土，刮干净鳞片，可以采取保鲜措施分级包装上市鲜销，也可以采取干制、盐渍、速冻、制罐等技术进行加工处理。

图3-17　鸡腿菇老化（墨化）

三、鸡腿菇与保护地葡萄套种技术

2017～2020年盖州市陈屯镇俊达农场进行了鸡腿菇与保护地葡萄套种的生产试验，取得了理想的效果。盖州市地处辽南，是露地和保护地葡萄的主产区。目前辽南地区露地葡萄和保护地葡萄生产存在土地利用率低、产值不高且单一、土壤严重板结等问题。

辽南地区保护地葡萄11月初休眠，来年4月份结束生产。鸡腿菇在11月初葡萄休眠前进行套种，12月初到12月中旬开始出菇，到来年4月初左右可以采收4茬优质菇（图3-18）。

辽南地区保护地葡萄品种目前主要是'巨峰''晚红'等，667m² 日光温室纯收入在3万～5万元。但是日光温室栽培的葡萄，往往休眠期不足，当地农户坐花和坐果的关键环节技术也不成熟，往往造成减产甚至绝产，经济效益不理想也不稳定。目前保护地葡萄栽培都转向塑料大棚栽培，经济效益较日光温室高且稳定。例如120延长米，跨度12m塑料大

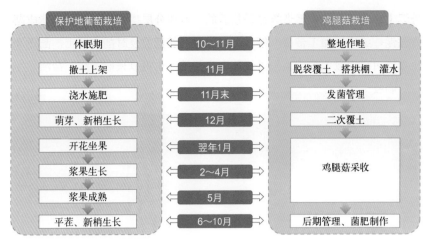

图3-18　鸡腿菇与保护地葡萄套种的农事安排

棚，可使用面积1440m²（2亩地左右），栽培3趟葡萄，留出作业道，地面闲置位置可套种鸡腿菇4个畦床（宽1m，长120m）。套种鸡腿菇将闲置的土地又利用了480m²，相当于增加了1/3的土地使用面积。使用折径（24～25）cm×长（45～50）cm×厚0.025cm规格栽培袋，每个畦床可以套种960袋左右（每袋3斤干料），总套种袋数3840袋，成本约1万元，纯收入3万元左右。保护地葡萄套种鸡腿菇技术的成熟与推广，为辽南地区保护地葡萄种植户带来了新的增产、增收的途径，后期废弃菌棒回填土壤，增加了土壤有机质的含量，极大地改善了土壤板结的问题，可谓一举多得。

1. 整地作畦

一般葡萄畦宽2m，作业道0.5m。套种鸡腿菇是在两个葡萄畦之间的空闲位置，采取一个作业道两个套种鸡腿菇畦床的模式。葡萄畦每侧内缩40cm，作为套种的畦床，畦床深20cm左右，作业道保留。畦床准备好后，需要在畦床底部撒一薄层石灰粉，起到消毒和驱虫的作用（图3-19）。

2. 脱袋覆土

畦床制作好后，将长满菌丝的鸡腿菇菌棒脱去塑料袋，将菌棒南北向卧式摆放在畦床内，菌棒之间的间隔1～2cm。鸡腿菇是覆土出菇的品种，不覆土不出菇。覆土要求土质疏松，腐殖质丰富，最好是沙壤质，含水量适中，用手握不沾手，落地即散。菌棒和菌棒之间的空隙，需要用覆土填满，覆土的厚度5cm左右（图3-20）。

图3-19　整地作畦

图3-20　脱袋覆土

3.浇水起拱

每个畦床菌袋排放完后，上面覆土3～5cm，覆土后浇1次重水，水渗透后菌棒之间的覆土被水冲掉，会出现缝隙，这样就需要继续用覆土将缝隙填满，菌棒外露之处也要用土覆盖好。2～3d后，随着水分的蒸发，土壤透气性较好，需要使用黑色塑料膜搭建高40cm左右的小拱棚，促使菌棒内的菌丝快速向覆土层中生长。小拱棚的支架使用2m长的不锈钢钢丝，长10m的畦床使用6～8根钢丝，注意畦床两端的两根钢丝要把拱棚的黑色塑料膜固定住，防止温室放风口放风的时候将黑色拱棚膜吹开（图3-21、图3-22）。

图3-21　畦床浇水

图3-22　搭建拱棚

4. 二次覆土

10～15d后，覆盖土壤的菌棒菌丝在覆土层内生长，并形成菌索，这时覆土层表面有白色绒毛状菌丝出现，覆土层普遍出现龟裂，局部有菇蕾出现（图3-23），此时要进行第二次覆土。二次覆土的目的是保障鸡腿菇高产，覆土层以2cm厚为宜，二次覆土后，浇透水（大规模生产可以一次完成覆土，减小劳动强度）。

图3-23　菇蕾初现

5. 出菇管理

二次覆土后7～10d后，第一茬鸡腿菇进入出菇盛期。出菇期间子实体生长温度以16～22℃为宜。温度低于10℃子实体分化不好，高于28℃子实体老熟快，容易墨化。在适宜温度范围内，温度偏低，虽然子实体生长缓慢，但菇体个头大质量好，保鲜期长，更适合鲜销。子实体生长时期，空气湿度可控制在85%～90%之间，湿度过低，子实体生长缓慢，出现干死菇；若空气湿度长期在95%以上，容易发生细菌性病害，菌盖表面发黄，甚至发黑腐烂。湿度的控制主要靠喷水和通风来调节，由于有小拱棚进行保护，湿度好控制，滴灌喷水最好是第一茬菇出完，喷透水。鸡腿菇子实体生长期间对散射光的需求弱，甚至不需要散射光，在较弱的散射光下，子实体菇体洁白，菌盖表面光滑，鳞片少。相反，光线过强，子实体菌盖鳞片较多，鳞片变为褐色，影响商品质量（图3-24～图3-26）。

(a)

(b)

图3-24　出菇状态

图3-25

崔颂英教授与俊达农场法人

杨俊达切磋出菇期生产技术

图3-26

崔颂英教授在俊达农场现场

指导出菇期生产并接受媒体

采访

6. 采收加工

鸡腿菇子实体破土而出后，如果环境条件适宜，如雨后春笋般生长速度极快，一般3～5d可采收。采收与加工方法参照本章前述内容（图3-27～图3-29）。

图3-27　待采收的鸡腿菇

图3-28　袋装鸡腿菇

图3-29　保鲜膜装鸡腿菇

四、鸡腿菇其他生态栽培技术

鸡腿菇是典型的粪草腐生型食用菌种类，通过鸡腿菇与露地葡萄和保护地葡萄套种技术的介绍，只要创造能满足鸡腿菇生长的营养和环境条件，就可以实现多种生态栽培形式，例如鸡腿菇与速生杨套种、鸡腿菇与玉米等高秆作物套种等模式（图3-30、图3-31）。

图3-30　鸡腿菇与草莓套种

图3-31　鸡腿菇与玉米套种

五、鸡腿菇菌糠回田

食用菌栽培后的废弃菌棒叫作菌糠，菌糠是很好的有机肥料。鸡腿菇菌糠主要基质是稻草、玉米芯、甘蔗渣、棉籽壳等多种农业秸秆等。菌糠较使用前的纤维素、半纤维素和木质素等均已被不同程度的降解，粗蛋白、粗脂肪含量均比不经过发酵前显著提高，粗纤维素含量明显降低，并且含有较丰富氨基酸、菌类多糖及 Fe、Ca、Zn、Mg 等微量元素。以玉米芯为原料栽培鸡腿菇的菌糠的营养物质含量，粗纤维从36.1%下降到24.4%，木质素从13.2%下降到9.5%，粗蛋白从2%上升到9.5%。

由于秸秆等农副产品所含难溶性大分子化合物被菌丝体分解变成简单可溶性物质，可以有效地提高被农作物吸收利用的养分。研究表明，秸秆类菌糠有机质含量高达30%，是秸秆直接还田的3倍，含氮量1.5%～1.8%，高于鲜鸡粪。

菌糠肥施入土壤后，还可以进一步改善土壤的理化性质，增加土壤有机质含量，促进土壤腐殖质和团粒基团的形成与转化，提高土壤保水性能和土壤肥力，促进农作物抗腐能力和增产。同时可以减少由化肥过量使用引起的许多负效应，如土质污染、环境污染等。扫码视频7查看菌糠的再利用。

视频7

葡萄在生产上都实行密植，根系在定植沟中交叉密集，土壤中的营养满足不了多年生长和结果的需求，所以，每年应该轮换进行深翻施肥，一般深翻0.5～0.6m，每亩施有机肥2～3t，或混入部分秸秆等有机质改良土壤。10月末，露地葡萄采收已经结束，鸡腿菇的采收也已经进入尾声。这时，可以结合葡萄的秋、冬季管理，直接打碎菌糠翻入定植沟中，作为有机肥料使用；也可以将菌糠取出集中堆放；也可以添加牛粪、羊粪等农家肥，进行充分的发酵腐解，第二年春季结合葡萄春季施肥、灌水管理，作为有机肥施入定植沟中，这样效果比直接翻入好。鸡腿菇栽培后的菌糠是很好的缓释有机肥料，回田后既改善了土壤的通透性，调节了土壤的酸碱度，补充了土壤的养分，同时又很好地调节了因长期生产单一品种而造成的微生物菌群失调。因此，下一周期的葡萄生产既减少了化肥投入量，又在一定程度上减轻了病虫害的发生，可谓一举多得（图3-32）。

图3-32　鸡腿菇菌糠回田

六、生产案例分析

生产案例：120延长米，跨度12m塑料大棚，鸡腿菇套种葡萄生产计划（图3-33、图3-34）。

图3-33　塑料大棚　　　　　图3-34　塑料大棚葡萄

1. 时间、数量

见图3-18。

2. 确定配方

使用表3-2配方一：玉米芯85%，麸皮10%，尿素0.5%，过磷酸钙0.5%，石灰4%，料：水=1：1.3。

3. 生产用具、设施准备

生产前按照生产计划提前报批和清点用具，对设施进行全面检修。

4. 生产物料预算（表3-4）

表3-4　生产计划物料预算

物料种类	物料数量	单价/元	成本/元
玉米芯	5000kg	0.9	4500.0
麸皮	600kg	2.0	1200.0
尿素	30kg	2.0	60.0

物料种类	物料数量	单价/元	成本/元
过磷酸钙	30kg	0.6	18.0
石灰	230kg	0.2	46.0
栽培袋	4000个	10元/100个	400.0
栽培种	600袋	1.1元/袋	660.0
搭建拱棚材料	—	—	400.0
其他	—	—	200.0
成本合计	—	—	7484.0（每袋成本1.87元）
产量	4000kg	—	—
毛利润	—	10	40000.0
纯利润	—	—	约3.3万元

注：栽培袋按照1.5kg干料/袋计算；表中物料价格仅供参考，其他成本视生产实际确定。

第二节　大球盖菇生态栽培技术

一、概述

大球盖菇（*Stropharia rugoso-annulata Farlow*），又名皱环球盖菇、皱球盖菇、酒红色球盖菇、斐氏球盖菇、斐氏假黑伞，属担子菌亚门，层菌纲，伞菌目，球盖菇科，球盖菇属（图3-35）。其子实体大小为中等至较大，菌盖为扁半球形至扁平形，菌柄为近圆柱形、表面近光滑、内部松软至变空心。目前，大球盖菇广泛分布于我国台湾、香港、四川、陕西、甘肃、云南、吉林、西藏等地，是国际菇类交易市场十大菇种之一，也是联合国粮农组织（FAO）和世界卫生

图3-35　大球盖菇

1—子实体；2—孢子；3—囊体

组织（WHO）向发展中国家推荐的"营养、健康"菇种。试验表明，大球盖菇多糖对小白鼠肉瘤S-180的抑制率为70%，对艾氏腹水癌的抑制率为70%。

首先，大球盖菇栽培技术简单粗放，可直接采用发酵料栽培，具有很强的抗杂能力，容易获得成功。其次，栽培原料来源丰富，可生长在各种秸秆培养料（如稻草、麦秸、玉米芯等）上。再次，大球盖菇抗逆性强，适应温度范围广，可在4～30℃范围出菇。大球盖菇的栽培模式有多种，这里主要介绍速生杨林地套种大球盖菇的生态栽培技术。

二、大球盖菇与速生杨套种技术

速生杨林下环境湿度大、遮阴度好，林下闲置土地栽培大球盖菇，可以解决速生杨生长过程中存在的土地利用率低、前期投入大、生长周期长、见效慢等问题，因此，发展林下食用菌栽培具有较好的社会、经济和生态效益。同时，大球盖菇栽培的菌糠就地还林，可以为林木提供有机肥。发展林下大球盖菇栽培不仅能够实现生长空间互补，而且在光、气、水、温等因素的利用上互补互惠、循环相生、协调发展，体现"以林养菌、以菌促林"的良性循环（图3-36）。

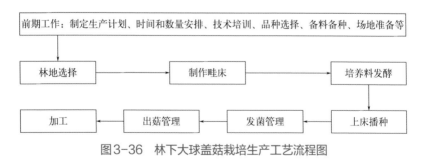

图3-36　林下大球盖菇栽培生产工艺流程图

1.林地选择

林地要选择交通方便、水源充足、排水良好、土壤肥沃、地势平坦之处，林木生长的郁闭度一般在70%左右。同时做好土地平整等准备工作（图3-37）。

(a)　　　　　　　　　　(b)

图3-37　速生杨林

2.确定配方

选用无霉变、洁净、无虫、无异味、无污染的秸秆、玉米芯等主料。大球盖菇菌丝体阶段C/N为20∶1～30∶1，子实体生长阶段C/N为30∶1～40∶1。培养料选择发酵处理，发酵前培养料C/N以30∶1为宜。下面是典型的大球盖菇栽培料配方（表3-5）。

表3-5　大球盖菇栽培料配方　　　　单位：%

配方	玉米芯	稻草	麦草	牛粪	尿素	石灰
一	86	—	—	10	0.5	3.5
二	—	80		16	0.5	3.5
三	—	—	80	16	0.5	3.5

注：上述配方用料量35kg干料/m²。料∶水=1∶1.3。

3.制作畦床

畦床宽1～1.2m，深20cm，长不限（图3-38）。具体方法参照第三章第一节相关内容。

(a)   (b)

图3-38　平整林地、制作畦床

4.培养料发酵

培养料发酵方法参照第三章第一节相关内容（图3-39、图3-40）。

图3-39　玉米芯原料　　　　　　图3-40　培养料发酵

5.上床播种

辽南地区10月份将发酵好的培养料铺在畦床上，厚度在25cm左右，每平方米使用干料量35kg。铺料后，采取穴播的方法，将大球盖菇菌种掰成1cm²，按8cm左右的间距播种在培养料里，每平方米使用菌种量1kg左右（代用料菌种）。播种后及时覆土3～5cm，覆土层再铺3cm左右厚的稻草，铺设两条喷灌带（图3-41）。

图3-41 铺料播种

图3-42 越冬管理

6.发菌管理

播种后3～5d，菌丝即开始生长。大球盖菇的菌丝生长温度范围是5～36℃，最适生长温度范围是24～28℃，10℃以下和32℃以上菌丝均生长缓慢，超过36℃菌丝停止生长，且持续高温还会造成菌丝死亡。10月份速生杨林下露地栽培，环境温度较低，不会出现高温烧菌现象，菌丝在地面冻结之前能够完成发菌，菌丝越冬，翌年春季5月初开始陆续出菇（图3-42）。

发菌期间根据天气情况，使用喷灌补充畦床水分，保持土层湿润，防止畦床过度失水。其他环境因素根据林下自然环境条件，顺其自然。

7.出菇管理

翌年5月份，覆土层中有粗菌束延伸，菌丝束分枝上出现米粒大小的菇蕾，开始进入出菇期。水分和湿度是出菇期间的管理重点。出菇期根据天气适当喷水，确保覆土层和原料湿润，采用少喷、勤喷的方法进行补水，切记不能大水喷浇，以免造成幼菇死亡。在正常温度下，幼菇从露出白点到成熟需5～7d，当菇体达到采收质量要求时要及时进行采摘。在第一茬菇采收结束后，畦床要停水3d，以充分蓄积营养。在适量水分作用下促使菌丝加速生长，从而形成大量菌丝束，满足后期出菇对养分的需求。出菇期间其他环境条件依据自然环境条件就可以（图3-43、图3-44）。

图3-43　原基分化 图3-44　子实体生长

8.采收

大球盖菇个体相对较大，子实体直径可达5～10cm、单菇重可达60g，故一定要在子实体菌褶尚未破裂、菌盖呈钟形即七八分成熟时及时进行采收，此时菇体整体上短粗矮胖，菌盖内卷紧闭，菌柄硬实不空心，菌膜不破裂。随着环境温度的逐渐升高，每天采收2～3次。一般在子实体现蕾后2～3d进行采收，且由于不同成熟度的鲜菇品质、口感差异较大，具体可根据成熟度和市场需求进行分级采收（表3-6）。采收后及时清除菌床上的残菇，以免腐烂后引起病虫害（图3-45～图3-48）。

图3-45　适时采收 图3-46　产品分级

图3-47 春季子实体粗壮

图3-48 春季第一潮菇菇丛大

表3-6 大球盖菇分级标准

级别	菇长	柄粗	球盖直径	菌柄长度
一级菇	5.0～6.5cm	2cm以上	3cm以上	3～5cm
二级菇	5.0～8.0cm	2cm左右	2cm以上	3～5cm
三级菇	其他	其他	其他	其他

三、生产中常见问题

1. 发菌缓慢

播种后菌丝生长缓慢，菌丝细弱。主要原因有以下几个方面：种质量不高，菌丝活力低；播种后较长时间料温低于20℃，菌丝生长缓慢或停止；培养料不符合要求，浸泡时间不够或含水量过低、过高。

在生产上应选用生命力强、菌丝发育好的菌种；如果秋季播种过晚，环境和料温低于20℃时，料面要覆盖薄膜或草帘，提高温度；要选用优质无霉、干燥的稻草或其他秸秆；培养料处理前要进行翻晒，稻草要浸泡48h以上，浸泡后捞起沥干，使含水量保持在75%左右，pH值为5～7，呈微酸性。

2. 菌丝老化

菌丝老化表现为菌丝发黄，料中菌丝分布不均，没有菌丝特有的清香味，不出菇或出菇少，产量低。菌丝老化主要是因为光线过强、料温过高、通气不良。为避免这个问题的发生，菇床应选择郁闭程度较好的林地，防止阳光直射菇床；培养料发酵要彻底，避免白天温度较高时料温升高。

3. 菇床中间不出菇或出菇少

出菇后，菇床中间没有现蕾或只有稀疏的几朵菇，产量低，边缘出菇。主要原因有以下几个：床中间积水，菌丝受损伤；铺料不匀，菇床中间铺料厚度不够；菇床中间覆土薄，肥力低，菌丝少；发菌不均匀，菇床中间料没有吃透，营养不足。

解决的方法有：整理菇床时，中间做成龟背状，防止积水；分层铺料时，保证每平方米用干料25kg左右，铺排均匀、压实；覆土选用富含腐殖质、土质疏松的壤土，覆土厚度3～4cm，避免出现中间薄、四周厚的现象；材料处理要均匀，避免发菌不匀，造成出菇稀疏。

4. 菇蕾易开伞

菇蕾在发育过程中易开伞，子实体小，纤维化程度高，品质降低。主要是因为：出菇时温度过高，菇棚干燥；覆土薄，菇床自我调节能力差。

为避免这个问题的出现，需要采取以下几个措施：加强出菇期间的管理，重点是保湿，畦面相对湿度控制在90%～95%，温度控制在14～25℃；保证覆土层厚度，提高菇床的自我调节能力。

四、大球盖菇菌糠生产有机肥

使用专用生物腐熟剂对大球盖菇菌糠进行常规发酵处理，生产出的有机肥优质、高效。主要表现在以下几个方面。

1. 肥效好

菌糠常规发酵7～10d即可腐熟，完成发酵。快速发酵保留了菌糠的养分；发酵剂里微生物的分解作用，把肥料中一些作物难以吸收利用的物质，迅速转化为有效养分。施肥后能在较短时间内发挥肥效，快速补充作物生长所需的养分，肥效长。腐熟后的有机肥料无臭味，干燥疏松，易于撒播。

2. 改良土壤

长期使用化肥，土壤中有益微生物减少，土壤出现板结、酸化、盐渍化等。但是使用发酵好的有机肥可使砂土团聚，黏土疏松，抑制病原菌，恢复土壤中微生态环境，增强土壤透气性，提高保水保肥能力。

3. 减少作物病虫害

未发酵的有机肥料本身携带的病菌、杂草籽、虫卵等，直接施肥会传给农作物而影响其生长。而菌渣有机肥料在发酵过程中，有益微生物大量繁殖，升温会杀灭有害病原菌，并通过高温腐熟，清除草籽、虫卵，肥料施入土壤中，能有效地抑制土传病菌的传播和杂草的生长，减少病虫害的发生。

4. 避免烧根烧苗

菌糠经过专用生物腐熟剂腐熟彻底，施入土壤中不会产生二次发酵，不会出现烧根烧苗现象，不会伤害作物根系。

5. 提高作物产量和品质

施用菌糠有机肥料后的作物根系发达、株壮叶茂，可有效促进作物的发芽、生长、开花、结果和成熟，增产显著。还能明显改善农产品的外观色泽，提高果实含糖量；使果实口感好，味道佳，品相好，保鲜期长。

五、生产案例分析

生产案例：667m² 速生杨林地套种大球盖菇生产计划。

分析：根据生产实际，667m² 速生杨林地可以套种200m² 大球盖菇。

1. 时间、数量（表3-7）

表3-7 生产计划时间、数量安排

项目	制作畦床	铺料、播种	发菌管理	越冬	出菇期
时间	9月下旬	10月上旬	10月上旬至11月上旬	11月中旬至翌年4月中旬	4月中下旬
数量	培养料1400kg	麦粒菌种200kg	—	—	成品菇1000kg

2. 确定配方

见表3-5配方一。

3. 生产用具、设施

生产前按照生产工艺流程和数量要求提前报批和清点用具等，对生产设施进行全面检修。

4. 生产物料预算（表3-8）

表3-8 生产计划物料预算

物料种类	物料数量	单价/元	成本/元
玉米芯	1204kg	0.8	963.2
牛粪	140kg	0.2	28.0
尿素	7kg	2.0	14.0
石灰	49 kg	0.2	9.8
稻草（覆盖）	若干	—	—
麦粒栽培种	200kg	5.0	1000.0
滴灌带	400m	12.0 元/100m	48.0
其他	—	—	—
成本合计—	—	—	2063.0
产量	1000kg	—	—
毛利润	—	10.0 元/kg	10000.0
纯利润	—	—	7937.0

注：投料量按照35kg/m² 计算；表中物料价格仅供参考，其他成本视生产实际确定。

第三节　羊肚菌生态栽培技术

一、概述

羊肚菌 [*Morchella esculenta* (L.) Pers]，又称羊肚菜、美味羊肚菌、羊蘑，属盘菌目，羊肚菌科，羊肚菌属，是一种珍贵的食用菌和药用菌（图3-49）。羊肚菌于1818年被发现。其结构与盘菌相似，上部呈褶皱网状，既像蜂巢，也像羊肚，因而得名。羊肚菌由羊肚状的可孕头状体菌盖和一个不孕的菌柄组成。菌盖表面有网状棱的子实层，边缘与菌柄相连。菌柄圆筒状、中空，表面平滑或有凹槽。羊肚菌是子囊菌中最著名的美味食用菌，其菌盖部分含有异亮氨酸、亮氨酸、赖氨酸、甲硫氨酸、苯丙氨酸、苏氨酸和缬氨酸7种人体必需的氨基酸，甘寒无毒，有益肠胃、化痰理气药效。

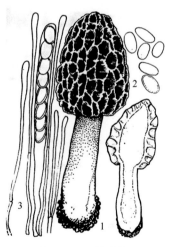

图3-49　羊肚菌

1—子囊果；2—孢子；3—子囊及侧丝

视频8

目前羊肚菌栽培已经实现规模化。扫码视频8查看羊肚菌栽培。本节主要介绍羊肚菌日光温室栽培与蔬菜套种技术（图3-50）。

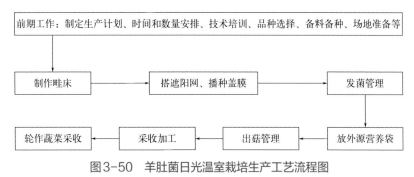

图3-50　羊肚菌日光温室栽培生产工艺流程图

羊肚菌日光温室栽培较露地栽培具有明显的优势。

一是新增投入较少。羊肚菌的生长需要较为阴暗的环境,其整个生长发育过程仅需一些散射光,因而要在遮光条件下种植,必须为羊肚菌搭建遮阴棚。而温室大棚种植技术,仅需在大棚上搭建一片遮阳网,可有效减少传统种植技术立柱以及横拉杆等材料的成本以及搭建的人工费用。

二是便于人工调控羊肚菌生长环境。羊肚菌在生长过程中对湿度要求较高。采用传统的露地种植方法,羊肚菌在生长过程中极容易受到雨雪天气的影响,如降雨或者降雪时间过长,容易导致土壤积水的发生,对羊肚菌的生长发育产生巨大的影响。而温室大棚种植,其顶膜对于棚内湿度具有良好的保持效果,尤其是在晚上可保持棚内较高的湿度,种植者可结合羊肚菌在不同生长发育时期对空气以及土壤湿度的需求,对湿度进行人工调节,不仅可以促进子实体的分化,还可保证其出菇整齐,使菇体迅速发育,使其提前上市,在保证高产的同时明显提高经济效益。

三是保证稳产性。羊肚菌的产量极容易受到外界环境的影响,一旦出现冬季大雪以及极端恶劣的天气、春季大风天气,羊肚菌的子实体由于无法抵御恶劣环境,极容易冻死,从而造成毁灭性的灾害。而温室大棚种植可以对大风危害以及雪灾等自然灾害起到良好的抵御作用,同时可有效调控极端的低温条件,从而保证羊肚菌栽培的稳产性。

温室大棚种植羊肚菌也存在弊端。一是中午易发生高温,在高温、高湿条件下易引起子实体腐烂,特别在羊肚菌生长发育后期,危害较重;二是棚的存在减少了空气垂直对流,棚中部区域会出现氧气不足的问题,在长度大的棚中这个问题尤其突出。

二、日光温室栽培羊肚菌技术

1. 品种选择

当前，生产中较为常见的羊肚菌品种主要为'六妹'羊肚菌和'梯棱'羊肚菌两种，而这两个品种所需要的生长温度各不相同。'六妹'羊肚菌具有较强的适应性，能够耐较高的温度，因而更适合在温室大棚中进行种植。而'梯棱'羊肚菌在其子实体的分化期对适当的低温极为敏感，在子实体分化期，如果低温不够或者温差不够，其子实体很难进行彻底分化，从而对羊肚菌的产量造成极为严重的影响，在生产实践过程中这一问题确实存在。因而，对于温室大棚种植技术，应充分考虑到其气温高于露地的特点，并结合羊肚菌不同的品种对温度不同的适应性，选择'六妹'羊肚菌作为温室大棚种植的品种来获得稳产以及高产（图3-51、图3-52）。

图3-51 '六妹'羊肚菌

图3-52 '梯棱'羊肚菌

2. 原种、栽培种配方

木屑、麦粒、玉米芯、稻谷壳等都是原种、栽培种制作常用的原料，菌种制作时应确保原料干燥、无虫蛀、无霉变、无异味，选择颗粒饱满、无杂质的优质小麦。小麦粒提前预湿16～24h，木屑提前预湿6～12h，所有原料混匀后调节培养料含水量为60%～62%（表3-9）。

表3-9 常用原种、栽培种配方   单位：%

配方	杂木屑	小麦粒	腐殖质土	生石灰	石膏	麸皮
一	60	20	10	2	2	6
二	10	68	20	—	2	—
三	35	40	18	1	1	5
四	60	22	15	2	1	—

3. 菌种制作

羊肚菌原种容器规格通常使用750mL、耐126℃高温的透明、广口原种瓶，或对折径(14～17)cm×(28～35)cm×0.005cm耐高温的聚丙烯菌种袋。栽培种使用上述规格的聚丙烯菌种袋即可。栽培袋每袋装干料重量在550～650g，要求袋（瓶）装料上下松紧适宜，不可过度挤压，装得过紧。常规灭菌结束后进行降温冷却，当菌袋温度降到25℃时需要及时接种。

4. 菌种培养

接种后的原种或栽培种应及时移至培养室进行培养，移入培养室前，培养室应当彻底清扫并进行气雾消毒剂熏蒸消毒。菌丝培养期要保持发菌室完全避光，初始培养温度20～22℃，当菌种萌发至2～3cm直径大小时，降低1～2℃培养。菌丝生长至栽培袋（瓶）中部时，继续降温1～2℃，直至菌种发满。培养过程中注意防止温度过高导致"烧菌"。发菌期间培养室及时通风，空气湿度保持55%～65%。对问题菌种及时筛除（图3-53、图3-54）。

图3-53 '六妹'原种　　图3-54 '六妹'栽培种

5. 整地作畦

栽培前 1 ～ 2 个月棚内外除草，耕地前棚内及周边应撒适量生石灰，通常施用量为 50 ～ 100kg/667m²。生石灰能调节土壤 pH，对土壤中的杂菌和害虫有杀灭作用。撒石灰后进行旋耕，土地翻耕深 20cm，土块粒径 3cm 左右，以土壤不结块为宜。平整土地，按宽 0.6 ～ 0.8m 作畦，畦面高 10cm，畦间距 30cm 作沟，用作作业道。

6. 播种

羊肚菌属于低温品种，自然条件下，羊肚菌栽培季节应选在秋冬季，自然气温下降到 18 ～ 25℃，地温 20℃ 以下，适宜播种时间在 11 ～ 12 月。播种方式可采用撒播或沟播，撒播时将菌种揉散或用菌袋分离机打散，均匀撒于畦面，用钉耙或旋耕机在畦面上旋耕 10cm，使菌种和土壤混合；

图3-55 菌种萌发

图3-56 播种3d菌丝萌发入土

图3-57 播种第7天菌丝生长状态

图3-58 菌丝在土壤表面形成网状

沟播时于栽培畦面上每间隔20～30cm挖沟，沟深5～10cm，将菌种均匀撒入沟中，后用畦面上的土回填沟内，土壤覆盖菌种厚度约3cm。栽培种菌种使用量400袋/667m²。播种后，立即在畦面覆黑色地膜，地膜厚0.004～0.015mm，宽度与畦面一致或略宽，膜上每间隔20cm打孔透气（图3-55～图3-58）。

7. 营养袋添加

外源营养袋添加技术是当前羊肚菌大田生产的关键，目的是为羊肚菌生长发育提供必要的外源营养。外源营养袋制备方法与原种、栽培种相似（表3-10）。

表3-10　常用营养袋配方　　　　　　　　　单位：%

配方	杂木屑	小麦粒	腐殖质土	谷壳	玉米芯	生石灰	石膏	麸皮	磷酸二氢钾
一	30	40	10	17	—	1.5	1.5	—	0.1
二	27	25	10	—	30	1.5	1.5	5	—

注：上述配方含水量控制在60%～62%，其他方法同原种、栽培种制作。

播种后7～20d菌丝出土，畦面土壤变白，出现大量孢子时立即放置营养袋。将营养袋用小刀于一面划口或钉板扎孔，掀开地膜，营养袋开口（孔）面紧贴土壤，与土壤充分接触，再将地膜拉回。营养袋使用量为3500袋/667m²，补料后畦面的羊肚菌菌丝会向营养袋内生长，袋内菌丝将外源营养袋的营养成分向土层菌丝传送（图3-59、图3-60）。

图3-59　外源营养袋

图3-60　摆放外源营养袋

8. 催菇

当气温开始回升至6～10℃时，菌丝逐渐进入恢复期，此时大棚塑料膜、遮阳网等设施全覆盖，遮阳网采用4～6针即可。出菇前20d左右移除地膜、营养袋，通过创造不利于羊肚菌营养生长的条件，使其转向生殖生长。实际生产中应根据产地气候环境条件确定催菇时间，在严寒时避免处于原基分化期。掀膜、撤袋后进行大水催菇，通过喷灌或沟内漫灌的方法使土壤畦面完全浇透，畦面不能积水，必要时可重复2～3次达到良好催菇效果。此后，控制土壤含水量在20%～28%，通过微喷适量补水即可。羊肚菌原基形成期是决定产量的关键时期，原基发生后极易因空气湿度过低造成失水萎蔫，因此，原基发生前及原基分化后均要控制空气湿度在85%～90%，气候干燥时可少量喷水，刺激原基形成。棚内温度控制在5～20℃，昼夜温差控制在10～15℃。催菇掀膜后，羊肚菌菌丝由黑暗环境暴露在一定散射光下，增加散射光光照，适当散射光有助于刺激原基形成及子囊果生长发育（图3-61、图3-62）。

图3-61　撤膜催菇

图3-62　原基分化

9. 出菇管理

通常催菇10d左右，畦面出现大量针尖状原基，原基发生后，0℃以下低温、干燥环境及大风等恶劣条件均会给羊肚菌原基造成不可逆伤害，因此提高原基成活率至关重要。根据需要选择保温棉被、草帘、双层棚等措施增温、抗寒。同催菇期一样，原基培育期需要适量通风，且随着子囊果生长要逐步增加通风时间和通风次数，但在原基保育期尤其要避免湿度骤降、原基萎蔫，保持空气湿度在85%～90%，土壤含水量20%～23%，同时原基生长的最适温度在10～15℃。随着原基继续分化，明显能观察到菌盖和菌柄形态分离，形成幼嫩子囊果。此时，保持环境温度5～20℃，CO_2含量在400～600mL/m³最适宜子囊果生长。当菇蕾长至2cm左右时，维持土壤含水量18%～23%，土粒不发白，空气湿度在85%～95%。当幼菇继续发育至后期快速生长阶段时，空气湿度可调整至80%～90%。羊肚菌幼菇期是决定其商品性的重要时期，补水以沟内滴灌和喷雾为主，避免大水灌溉（图3-63）。

图3-63　原基生长状态

10.采收

当羊肚菌整菇长至7～12cm，菌帽网眼充分张开，由硬变软时即可采收。用手指捏住菌柄基部，轻轻扭转，松动后再向上拔起。采大留小，避免损伤周围小菇蕾，轻拿轻放。采下的羊肚菌削去带泥土的菇脚，去除病菇及畸形菇，分级包装或者烘干（图3-64～图3-66）。

(a)   (b)

图3-64　待采收的羊肚菌

图3-65　采收的羊肚菌   图3-66　削根蒂的羊肚菌

三、羊肚菌栽培温室轮作果蔬

　　羊肚菌重茬，会造成菌丝稀疏、发菌慢，出菇期间容易感染镰刀菌、黑脚病、蛛网病等杂菌和虫害，有时候减产一半以上，甚至会绝收。其原因是在羊肚菌的营养生长和生殖生长过程中，羊肚菌的子囊果和菌丝体会分泌或释放某些物质，对下茬羊肚菌的营养生长和生殖生长产生抑制作用，称为羊肚菌自毒作用。自毒作用在双孢菇、平菇等食用菌中也是一种普遍存在的现象。自毒作用通过羊肚菌子囊果的淋溶、菌丝在土壤中的分泌和羊肚菌残体的腐烂与分解等途径，释放一些物质进一步来毒害羊肚菌。这些物质到底是什么，作用机制在羊肚菌的系统发育中有何意义等问题，目前还不十分清楚。

羊肚菌种植结束以后，日光温室有3个月左右的空闲时间。这段时间可以将外源营养袋回田，进行蔬菜种植，既增加了经济效益，又解除了羊肚菌种植重茬造成的困扰。甜瓜生长周期短，也是夏季时令水果，是比较适合的选择（图3-67、图3-68）。

图3-67　羊肚菌温室轮作甜瓜

图3-68　甜瓜长势喜人

四、生产案例分析

生产案例：667m²日光温室栽培羊肚菌生产计划。

1. 时间、数量（表3-11）

表3-11　生产计划时间、数量安排

项目	栽培种播种	外源营养袋摆放	低温越冬处理	出菇期
时间	10月中旬	11月初	11月中旬至12月中旬	12月下旬
数量	300kg	3500袋	—	成品菇500kg

2. 确定配方

栽培种使用表3-9配方一：杂木屑60%、小麦粒20%、腐殖质土10%、麸皮6%、生石灰2%、石膏2%，含水量60%。

外源营养袋使用表3-10配方一：杂木屑30%、小麦粒40%、腐殖质土10%、谷壳17%、生石灰1.5%、石膏1.5%、磷酸二氢钾0.1%，含水量60%。

3. 生产用具、设施准备

生产前按照生产计划提前报批和清点用具，对设施进行全面检修。

4. 生产物料预算（表3-12）

表3-12　生产计划物料预算

项目	物料种类	物料数量	单价/元	成本/元
栽培种（400袋）	杂木屑	480kg	0.5	240.0
	小麦粒	160kg	2.0	320.0
	腐殖质土	80kg	0.2	16.0
	麸皮	48kg	2.0	96.0
	生石灰	16kg	0.2	3.2
	石膏	16kg	0.8	12.8
	栽培种袋	400个	13.0元/100个	52.0
	其他	—	—	—
	小计	—	—	740.0
外源营养袋（3500袋）	杂木屑	1050.0kg	0.5	525.0
	小麦粒	1400.0kg	2.0	2800.0
	腐殖质土	350.0kg	0.2	70.0
	谷壳	595.0kg	0.4	238.0
	生石灰	52.5kg	0.2	10.5
	石膏	52.5kg	0.8	42.0
	营养袋	3500个	13.0元/100个	455.0
	其他	—	—	—
	小计	—	—	4140.5
成本合计		—	—	4880.5
产量		500kg鲜品（50kg干品）	1000元/kg干品	—
毛利润		—	—	50000.0
纯利润		—	—	45119.5

注：栽培种和外源营养袋按照1kg干料/袋计算；表中物料价格仅供参考，其他成本视生产实际确定。

第四节　双孢菇生态栽培技术

一、概述

双孢菇［*Agaricus bisporus*（Large）Sing.］俗称白蘑菇、洋蘑菇、蘑菇，是目前世界上栽培历史最悠久、栽培面积最大、消费人群最广的菇种之一（图3-69）。其菌肉肥嫩，含有甘露糖、海藻糖及各种氨基酸类物质，味道鲜美，营养丰富。据测定，每100g干菇中含粗蛋白23.9～34.8g、粗脂肪1.7～8.0g、碳水化合物1.3～62.5g、粗纤维8.0～10.4g、灰分7.7～12.0g，含有18种氨基酸，其中8种人体必需氨基酸。含有大量酪氨酸，具有降低血压、降低胆固醇、防治动脉硬化等作用。

图3-69　双孢菇形态（仿卯晓岚）

1—子实体；2—担孢子；3—担子

目前，全世界有100多个国家和地区栽培双孢菇，美国、英国、荷兰、法国和意大利是世界栽培技术最先进的国家，美国、中国等国是栽培大国。我国是双孢菇的出口大国，双孢菇目前年产量居平菇、香菇之后，位列第3。

双孢菇栽培之所以成为全世界有魅力的产业,主要是可以采用各种规模或方式进行,从家庭自产自销的简易栽培到作为出口产业的工厂化生产均可。目前主要有室内床架栽培、塑料大棚栽培、室外小拱棚栽培及山洞和人防工程栽培等。

人工栽培的双孢菇依据子实体色泽划分,可分为白色、褐色和奶油色3个品系。白色品系因颇受市场欢迎,在世界各地广泛栽培(表3-13、图3-70、图3-71)。

扫码视频9查看双孢菇栽培。

视频9

表3-13 双孢菇主要栽培品种介绍

品种名称	品种特性
As2796	出菇适温10～25℃,菇体洁白圆正,抗杂力强,国内主要当家品种
蘑菇176	适应温度范围广,菇形大,产量高,出菇整齐,适合鲜销
浙农1号	适应温度范围广,菇形大,产量高,出菇整齐,适合鲜销
新登96	出菇适温10～25℃,抗高温,菇圆正,耐储运,夏季栽培
F56、F60、F62	抗杂力强,转潮快,后劲足,菇体洁白圆正,质密,商品率高

图3-70 白色双孢菇

图3-71 褐色双孢菇

云南曲靖是全国双孢菇和杏鲍菇栽培的主产地。工厂化杏鲍菇栽培只采收一茬,菌袋营养只消耗50%～60%,曲靖地区普遍使用杏鲍菇菌糠栽培双孢菇,双孢菇菌糠用作制造有机肥。这种生态栽培模式,经济效益、社会效益、生态效益显著,已经成为当地的支柱农业项目之一。

杏鲍菇[*Pleurotus eryngii*(DC. ex Fr.) Quel.],又称刺芹侧耳、雪茸、鲍鱼菇或干贝菇。杏鲍菇菌肉肥厚、质地脆嫩、味道鲜美,其体内多糖有润肠美容之功效，富含18种氨基酸，其中8种为人体必需；干品中含蛋白质约20%、粗脂肪3.5%、灰分6%、粗纤维13.3%，口感极好，常食用可预防心血管疾病、糖尿病及肥胖症。

杏鲍菇是近年来新兴的珍稀食用菌品种，栽培历史较短。法国、意大利、印度等国于20世纪60年代进行了杏鲍菇的栽培研究。1993年，我国福建三明真菌研究所开始对杏鲍菇的生物学特性、菌种选育和栽培技术进行系统研究。近年来，泰国、美国、日本、韩国和我国台湾省都兴起了杏鲍菇的栽培，实现了工厂化生产。杏鲍菇栽培这里不进行介绍，重点介绍使用杏鲍菇菌糠栽培双孢菇的生态模式（图3-72、图3-73）。

图3-72　床架式双孢菇栽培

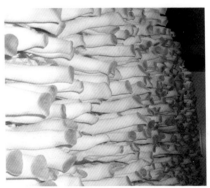
图3-73　杏鲍菇工厂化栽培

二、杏鲍菇菌糠栽培双孢菇技术

双孢菇生产工艺流程见图3-74。

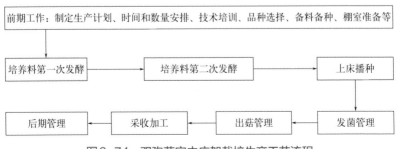

图3-74　双孢菇室内床架栽培生产工艺流程

1.准备工作

进行双孢菇室内床架栽培，准备工作主要有菇房准备、床架准备、原料准备、菌种准备等。用牛粪、猪粪、羊粪、鸡鸭粪等，尤其是使用牛粪栽培双孢菇，双孢菇质量很好，产量也高，但牛粪必须晒干后捣碎使用，因为湿牛粪不易发热，堆肥质量不高。简易房屋即可作为菇房，菇房一般坐北朝南，长7～8m，宽5～6m，不宜过大，每间菇房可放6个3层床架，每层之间高为60～70cm，底层距地20cm以上，顶层距房顶要大于1m，菇床宽1.3～1.4m，床与床之间和床与房壁之间要留70～80cm的过道。栽培前要对菇房进行消毒清理，可采用石灰浆、波尔多液、石硫合剂等进行涂、喷，有条件的菇房可通入蒸汽进行高温高湿杀菌杀虫（图3-75～图3-78）。

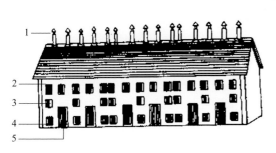

图3-75　简易菇房外形（仿黄毅）

1—拔风筒；2—上窗；3—中窗；4—下窗；5—门

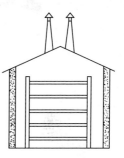

图3-76　室内单排床架

（仿黄毅）

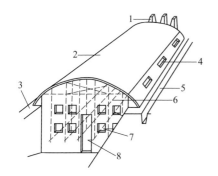

图3-77　半地下式菇房（仿黄毅）

1—拔气筒；2—菇房顶部；3—地面；4—通风窗；

5—排水沟；6—床架；7—通风口；8—门

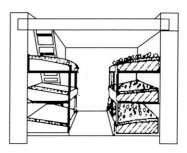

图3-78　室内双排床架

（仿黄年来）

2.确定配方

双孢菇是草腐生菌类，在人工栽培条件下，主要以禾本科植物秸秆和牲畜粪便为碳氮营养源。双孢菇菌丝体阶段C/N为20：1，子实体生长阶段C/N为30：1～40：1。发酵前培养料C/N以30：1～33：1为宜。下面是典型的杏鲍菇菌糠栽培双孢菇的质量比和百分比配方（表3-14）。

表3-14　杏鲍菇菌糠栽培双孢菇栽培料配方

配方	质量比	百分比	配方	质量比	百分比
牛粪（干）	700	20%	过磷酸钙	17.5	0.5%
杏鲍菇菌糠（干）	2100	60%	石膏	70	2%
玉米芯	595	17%	尿素	17.5	0.5%

注：上述配方按100m²计为质量比配方，单位kg；35kg干料/m²。也可以按照百分比设计配方，使用起来更方便。料：水=1：1.3。

3.培养料发酵

栽培料主要由牲畜粪和秸秆组成，目前多采用二次发酵法。

（1）前发酵　　前发酵在室外，前发酵与传统的一次发酵法的前期基本相同，建堆时间一般在播种期前30d左右。按栽培料配方比例加料，分层堆置。堆置时，先在最下层铺15cm长的稻、麦草，厚约10cm，然后再在稻、麦草上铺一层已发酵过的粪，厚2～3cm。以后，加一层稻、麦草，铺一层粪，浇一遍水，最后覆盖一层稻、麦草。堆高1.5～1.8m，宽1.5～2.5cm，长度可根据场地条件而定，一般5～8m。为使堆中温度均匀，使好氧微生物充分发酵，最好在堆的中间埋一通气孔道。如此堆置后（夏秋季节）一般4～5d，堆内温度可达55℃以上，7～10d后可达75℃左右，这时可进行第一次翻堆。翻堆是为了使整堆材料内外上下倒换，使其发酵均匀彻底，不含生料。第一次翻堆后5～6d，可进行第二次翻堆。以后每隔3～4d翻一次堆，一般翻堆4～5次即可完成前发酵。水分的调节要在第一、二、三次翻堆时完成，原则是"一湿二润三看"，即建

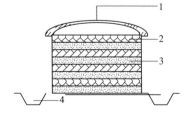

图3-79　前发酵培养料堆制

1—草帘；2—稻、麦草；3—牛粪；4—排水沟

堆和第一次翻堆时要加足水，第二次翻堆时适当加些水，第三次翻堆时，依据料的干湿情况决定是否加水，此时料的湿度控制在70%左右。如果配方中加化肥，则必须在建堆时就加入，在第二次翻堆时要加入石膏，第三次翻堆时加石灰调节pH为7.5，以后的翻堆一般不再添加任何物质（图3-79～图3-81）。

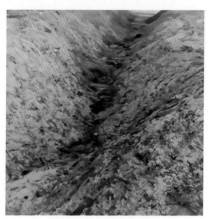

图3-80　培养料建堆　　　　　　图3-81　培养料翻堆

（2）后发酵　在堆制15d左右完成前发酵，然后在菇房的床架上进行后发酵。在料温未降时，迅速将前发酵好的堆料集中移入菇房的中层床架上，然后用炉子或蒸汽加温进行后发酵，使菇房温度达到60℃以上，但不要超过70℃，保持6～8h，杀死培养料和菇房的病虫害，然后降温到50～52℃，维持5～6d以促进料内有益菌大量生长，使培养料继续分解转化，并产生大量有益代谢物。这是后发酵的主要阶段。控温结束后，停止加热，使房温和料温逐渐降低，当料温降到30℃以下时，后发酵结束。这时料呈棕褐色、松软，用手轻拉草秆就断，可以准备分料到其他床上准备播种，料的厚度为15～20cm。后发酵可分3个阶段：升温阶段、保温阶段和降温阶段。后发酵的目的是改变培养料理化性质，增加其养分，彻底杀虫灭菌。

4. 播种

播种时料温必须低于28℃。播种方法用撒播法：先将播种量的一半

（麦粒菌种播种量2%～5%，即1.5瓶左右麦粒菌种播种1m²；棉籽壳等代用料菌种播种量5%～8%，即3瓶左右棉籽壳菌种播种1m²）撒在料面上，翻入料内6～8cm深处，整平料面，再将剩余的一半菌种均匀地撒在料面上，并立即用已发酵完毕的培养料覆盖保湿。用木板轻压料面，使菌种和培养料紧密结合。此法床面封面快，杂菌不易发生（图3-82、图3-83）。

图3-82　播种

图3-83　压平料面

5. 发菌管理

发菌初期以保湿为主，微通风为辅，播种1～3d内，使料温保持在22～25℃，空气相对湿度85%～90%；中期菌丝已基本封盖料面，此时应逐渐加大通风量，以使料面湿度适当降低，防止杂菌滋生，促使菌丝向料内生长；发菌后期用木扦在料面上打孔到料底，孔间相距20cm，并加强通风。发菌中后期由于通风量大，如果料面太干，应增大空气湿度，经过约20d的管理，菌丝就基本"吃透"培养料（图3-84、图3-85）。

图3-84　菌丝萌发

图3-85　菌丝长满培养料

6. 覆土管理

双孢菇在整个栽培过程中与其他食用菌最大的一个不同点，是必须覆土。不覆土则不出菇或很少出菇。

覆土前应该采取一次全面的"搔菌"措施，即用手将料面轻轻搔动、拉平，再用木板将培养料轻轻拍平。这样料面的菌丝受到"破坏"，断裂成更多的菌丝段。覆土调水以后，断裂的菌丝段纷纷恢复生长，结果往料面和土层中生长的绒毛菌更多、更旺盛。另外，覆土前要对菌床进行彻底的检查处理，挖除所有杂菌并用药物处理。

覆土的材料可就地取材，河泥、泥炭土、黏土、砂土等都可以。材料使用前要晒干打碎，除去石头杂物后过筛。土粒中带有虫卵、杂菌，因此在覆土前，应将筛好的粗细土粒进行蒸汽灭菌（70～75℃维持3～5h）。覆土分两次，先覆粗土粒，用木板拍平适当喷雾状水，使土粒保持一定湿度（60%左右）；隔5～7d，可见菌丝爬上土粒，再覆细土，补匀、喷水，总厚度3～4cm。也可以采用一次覆土法，即将大小土粒一次覆盖后，细喷勤喷水，3～4d内补足覆土层的水分。覆土后前期菇房温度控制在22～25℃，空气相对湿度80%～90%，经过7～10d的生长，菌丝可达距覆土表面1cm左右。此期间要观察土层的水分变化，如果太干可以喷重水，喷水后通风0.5h；如果不太干可以喷轻水，加大通风量，使菌丝定位在此层土层中，同时降低菇房温度，控制在14～16℃，刺激菌丝扭结，经过5～7d后就可见到子实体原基出现，进入出菇管理（图3-86、图3-87）。

图3-86　菌床覆土　　　　　　　　图3-87　菌丝长入土层

7. 出菇管理

当菇床上出现子实体原基后，要减少通风量，同时停止喷水，菇房相对湿度保持在85%以上，温度在16℃以下，这样子实体原基经过4～6d的生长就可达到黄豆粒大小，这时要逐渐加强通风换气，但不能让空气直接吹到床面，同时随着菇的长大和数量的增加，逐渐增加喷水，使覆土保持最大含水量。喷水时注意气温低时中午喷，气温高时早、晚喷，喷水要做到轻、勤、匀，水雾要细，以免死菇，阴雨天不喷或少喷，喷水后要及时通风换气0.5h，让落在菇盖上的水分蒸发，以免影响菇的商品外观或发生病害。双孢菇属厌光性菌类，菌丝体和子实体能在完全黑暗的条件下生长很好。7d左右子实体逐渐进入采收阶段（图3-88、图3-89）。

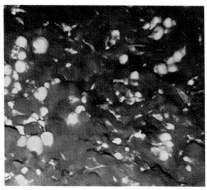

图3-88　菌丝冒出覆土层　　　　　图3-89　原基形成

8. 采收加工

采菇前不要喷水，以免手捏部分变色，必须依据市场的需求标准采摘。采收完一茬后，要清除料面上的死菇及残留物，并把采菇留下的孔洞用粗细土补平，喷一次重水，调整覆土的pH，提高温度，喷施1%葡萄糖、0.5%尿素、1%过磷酸钙，促使菌丝恢复生长，按发菌期的管理方法管理，经过4～7d的间歇期后，就可以降低温度，喷出菇水增大湿度，诱导下潮菇产生。双孢菇适于鲜销、盐渍速冻或加工成罐头出售（图3-90、图3-91）。

图3-90 双孢菇采收

图3-91 双孢菇装筐待售

三、双孢菇菌糠生产生物有机肥

河南省农业科学院土壤肥料研究所检验分析表明，食用菌菌糠中含有丰富的有机质和多种矿质元素，其中，总氮1.95%、总磷1.37%、总钾1.75%、有机质62.3%。菌糠中还含有钙、磷、钠、铜等多种微量元素。福建南靖地区使用双孢菇菌糠生产生物有机肥，已经形成规模产业。

生物有机肥与其他有机肥最大的不同就在于，生物有机肥添加了功能性微生物菌剂，生物有机肥除了其本身含有的营养成分供作物吸收外，其含有的微生物菌剂是活体肥料，它的作用主要靠它含有的大量有益微生物的生命活动代谢来完成。

生物有机肥的基本剂型为粉剂和颗粒两种，使用效果相同。生产生物有机肥添加的微生物菌剂种类繁多，包括固氮菌剂、硅酸盐菌剂、溶磷菌剂、光合菌剂、有机物料腐熟剂、复合菌剂、微生物产气剂、农药残留降解菌剂、水体净化菌剂和土壤生物改良剂（或称生物修复剂）等，统计已经达到100多种。生物有机肥的应用效果不仅表现在增加产量上，而且表现在改善产品品质、减少化肥的使用、降低病虫害的发生、保护农田生态环境等方面，应用面积不断扩大。国家产业政策对行业的发展给予了一定的重视和支持，在科研资金支持力度和产业化示范项目的建设上的立项都是空前的。

生物有机肥主要技术环节有以下几点。

1. 物料配比

双孢菇菌糠与畜禽粪便按1 ： 1的比例混合作为发酵物料，每10t左右混合料加入1kg有机肥发酵剂，发酵剂使用前与米糠按1 ： 10的比例混匀后，再均匀撒入物料堆（调好水分），混拌均匀。

2. 发酵有机肥水分调节

发酵物料的水分应该控制在50% ～ 55%。其简单的判断办法为：将搅拌好的发酵物料紧抓一把，指缝见水印但是不滴水，松开落地即能散开为最适宜。若能挤出水汁，落地不散开，则含水率大于75%，太干、太湿均不利于发酵，应调整。准确的方法是使用水分测定仪进行测定。

3. 物料建堆

在做堆时不能做得太小太矮，太小会影响发酵，平顶梯形堆高度在1.2 ～ 1.5m（尖顶圆锥形堆1.5 ～ 2m），宽度2 ～ 2.5m，长度在2 ～ 4m的发酵效果比较好（图3-92）。

4. 启动温度

启动温度在15℃以上较好（四季可作业，不受南北方季节气候气温的影响，冬天尽量在室内或大棚内启动发酵，东北等高寒地区应按技术员指导方法启动发酵）。

5. 翻堆通气

发酵过程注意适当供氧与翻堆。温度升至60 ～ 70℃或70℃以上时要及时翻倒，一般需要翻倒2 ～ 3次。升温控制在65℃左右，温度太高对养分有影响。

6. 结束发酵

达到发酵效果要及时撤堆，停止发酵。后续的烘干、粉碎、造粒、包装等环节，在此不详细介绍。

菌糠生物有机肥（图3-93）需要达到相关的技术指标。根据国家标准，生物有机肥产品需要达到的主要技术指标包括：有机质≥40%，有效活菌数（CFU）≥0.20亿/g，水分≤30%，粪大肠菌群数≤100个/g，蛔虫卵死亡率≥95%，有效期≥6个月，pH控制在5.5～8.5之间，重金属含量总砷（As）≤15mg/kg，总镉（Cd）≤3mg/kg，总铅（Pb）≤50mg/kg，总铬（Cr）≤150mg/kg，总汞（Hg）≤2mg/kg。

图3-92　菌糠发酵

图3-93　生物有机肥

四、生产案例分析

生产案例：500m^{2}双孢菇生产，9月上旬鲜菇上市生产计划。

1. 时间、数量（表3-15）

表3-15　生产计划时间、数量安排

项目	建堆发酵	播种	出菇期
时间	8月1日	8月20日	9月10日
数量	培养料17500kg	麦粒菌种350kg	成品菇15000kg

2. 确定配方

见表3-14。

3. 生产用具、设施

生产前按照生产工艺流程和数量要求提前报批和清点用具等，对生产设施进行全面检修。

4. 生产物料预算（表3-16）

表3-16 生产计划物料预算

物料种类	物料数量	单价/元	成本/元
杏鲍菇菌糠	10500kg	0.2	2100
牛粪	3500kg	0.2	700
玉米芯	2975kg	0.9	2678
尿素	87.5kg	2.0	175
石膏	1050kg	0.6	630
过磷酸钙	350kg	0.6	210
麦粒栽培种	350kg	4.0	1400
地膜	500m²（5捆）	120	600
设备设施	—	—	20000
其他	—	—	5000
成本合计	—	—	33493
毛利润	—	—	90000
纯利润	—	—	56507

注：投料量按照35kg/m²计算；表中物料价格仅供参考，其他成本视生产实际确定。

第四章

食用菌加工技术

采收后的食用菌，在一段时间内机体活性依然存在，进行着呼吸作用和各种生化反应，出现的菌盖开伞、褐变、自溶、腐烂等，严重影响了食用菌的外观和品质；又由于新鲜食用菌组织脆嫩，含水量高，容易受到微生物的侵害，发生病害，产生异味，失去食用价值。这就需要对新鲜食用菌采取保鲜、初加工、深加工、综合开发利用等手段，以保障食用菌的商品价值和食用价值。

第一节　大球盖菇保鲜技术

一、冷藏保鲜

1. 冷藏保鲜的原理

一般是通过降低环境温度来抑制鲜菇新陈代谢的强度和腐败微生物的活动，使之在一定时间内保持产品的鲜度、颜色、风味不变的方法。低温通常指0～4℃，食用菌种类不同，适宜贮藏的温度也不同。

空气湿度是食用菌低温保鲜的条件之一，它对菇体新鲜度、失重率和微生物生命活动影响很大。实践证明，大多数食用菌低温保鲜的空气相对湿度应在90%～95%。低温保鲜根据所用设备和利用低温形式可分为自然鲜储、冰藏和机械冷藏，可结合实际生产灵活应用。低温保鲜所用包装容器可以采用符合食品卫生标准的质轻、坚固、无异味、可多次利用的竹筐、瓦楞纸箱、塑料盒等。储藏设备可以灵活选用冰箱、冷藏箱、冷藏车和冷库等。

2. 冷藏保鲜的方法

大球盖菇在采摘前一天停止喷水，长至七八成熟时采收，采收时根据客户需求初步进行分级装筐，装筐后的新鲜大球盖菇迅速移入0～4℃的冷库降温排湿。包装规格一般选用小的泡沫箱，每箱5斤。菇体可以分层摆放，每层用防潮纸隔开。一等品大球盖菇也可以用防潮纸独立包装。销售过程中的运输环节要采用冷链物流［图4-1（a）］。

二、气调保鲜

1. 气调保鲜的原理

指通过调节鲜菇储藏环境的空气组分比例，来控制鲜菇的呼吸作用，使其处于休眠状态，从而达到贮藏保鲜目的的方法。

气调保鲜技术目前国内外已普遍应用。具体方法可分为自发气调和人工气调两大类。自发气调通常采用塑料袋包装，利用鲜菇自身的呼吸作用，降低袋内的氧气浓度，提高CO_2的含量。人工气调储藏是将菇体密封于容器内，利用机械补充CO_2或氮气，使氧气浓度迅速达到要求的水平。气调保鲜储藏的效果关键要看包装材料的选择及包装系统内氧气和CO_2的比例和环境条件的控制。

2. 自发气调保鲜的方法

包装材料主要选用无毒、无臭、有适当透气率和透气比、结露少、强度好、耐低温、耐老化、安全无公害的薄膜。目前常用0.06～0.08mm的聚乙烯塑料袋包装鲜菇。新鲜大球盖菇装入包装袋内，用吸尘器吸出多余空气，密封袋口，存放于0～4℃冷库中，可贮藏7～10d，效果良好。

此法是一种低成本、无须设备、方法简便的实用贮藏保鲜技术，适合于农户应用［图4-1（b）、（c）、（d）］。

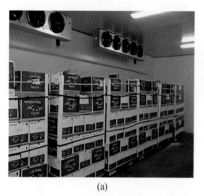
(a)

(b)

(c)

(d)

图4-1　冷藏保鲜和气调保鲜

(a) 冷藏保鲜；(b)、(c)、(d) 泡沫箱单层摆放

第二节　鸡腿菇盐渍技术

利用较高浓度食盐盐渍食用菌而制成的加工品称为食用菌盐渍品。食用菌盐渍技术加工方法简单、成本低、效果好、产品可存放较长时间，至今在我国乡镇企业及家庭中仍被广泛采用。食用菌盐渍品在出口贸易中也占有一席之地，因此食用菌盐渍技术是一项非常实用的加工技术。

一、鸡腿菇盐渍原理

利用高浓度的食盐溶液渗入菇体内,提高菇体组织的渗透压。在高渗的盐溶液中,微生物质壁分离,细胞生理干燥,体内酶失去活性,导致微生物死亡或处于休眠状态,从而达到食用菌长期保藏的目的。一般腐败微生物的渗透压在3~6个大气压之间,而10%的食盐溶液可以产生6.1个大气压。盐渍加工的食盐溶液浓度在22°Be,可以产生很高的渗透压,远远超过微生物存活的渗透压(图4-2)。

二、鸡腿菇盐渍方法

1. 选菇

在菇蕾期即菌环紧包菌柄,菌盖表皮呈现出平伏状鱼鳞片,高度在10~15cm之间时迅速采收。若在菌环松动后采收,将影响盐渍菇质量。采收时应按鸡腿菇大小分开放置,轻拿轻放,保证菇体完整、无破损,菇体应切削整齐(图4-3)。

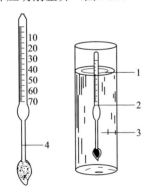

图4-2 波美度计测定食盐浓度
示意图(仿黄年来)

1—波美度23°Be;2—刻度;
3—饱和食盐水;4—波美度计

图4-3 采收后的鸡腿菇切削整齐、
清理干净

2. 漂洗、护色

将选好的菇体及时用稀盐水(0.6%以下)漂洗,然后迅速浸入新配的0.6%的盐水中保护菇色，时间不超过4h，也有些地方用0.05mol/L的柠檬酸溶液（pH4.5）漂洗。

3. 杀青

将自来水注入铝锅或不锈钢锅内，加热至100℃左右，将清洗后的鸡腿菇放入锅内开水中煮制。一边煮，一边搅动，及时清除锅中冒出来的菇沫，从开水下锅到煮熟、煮透后出锅需5～7min。具体煮制时间根据火力和鸡腿菇大小而定，要求将其煮熟、煮透，应掌握煮至不生不烂为止。其鉴别方法：一看，停火片刻后看菇体沉浮，沉入水中为熟，浮于水面为生。也可从锅内捞起几个鸡腿菇放入冷水中，熟的下沉，生的上浮。二捏，用拇指、食指、中指捏压菇体，若有弹性、韧性，捏陷复位快为熟，反之为生。三切，用不锈钢刀切开菇体，菇心变黄为熟，菇心白色为生。四咬，用牙咬，生菇粘牙，熟菇脆嫩不粘牙。五尝，生菇有苦味，熟菇无苦味。

4. 冷却

将杀青煮熟后的鸡腿菇从锅中捞出，立即投入冷水缸或流水中冷却20～30min，以菇心达到冷凉为标准，并按熟菇面直径进行分级，分级后可将菇置于各种孔径的竹筛上，用自来水冲洗、筛分，并拣去畸形、薄皮、脱柄、破损菇及菇柄等。如果冷却不透心，容易发黑、发霉、发臭。冷却捞出后滤水5～10min。

5. 盐渍

缸内放入15～16kg食盐，冲入100kg开水，搅拌溶解，冷却后用纱布过滤，除去杂质即形成15%～16%盐水。将冷却滤水后的鸡腿菇放入盐水缸中进行盐渍，使盐分向菇体自然渗透。如果发现缸中菇味有变，要及时倒缸。盐渍3d后，将鸡腿菇捞起，再放入20%盐水的盐水缸继续盐渍，使菇体不露出盐水面为宜。避免菇体露出盐水面发黑变质。盐渍期间每天倒缸1次，并使盐水浓度保持在20%～22%之间。若盐水浓度偏低，可从缸内倒出一部分淡盐水，再倒入饱和盐水进行调整。盐渍1周后，当缸内盐水浓度稳定在20%且不再下降时，即可将鸡腿菇出缸（图4-4）。

6. 装桶

沥去盐水约5min后称重。按容器大小定量装入鸡腿菇25kg或50kg，并在容器内灌满20％的盐水，用0.2％柠檬酸调节pH值在3～3.5之间，盖上容器盖即为成品，封存贮藏或外销（图4-5）。

图4-4　盐渍鸡腿菇

图4-5　盐渍鸡腿菇装桶

第三节　羊肚菌干制技术

一、羊肚菌干制原理

食用菌干制的原理，就是利用热能排除菇体内绝大部分水分，含水量降至13％以下，使菇体内固形物浓度相对提高、酶活性受到抑制，附着其上的微生物发生生理干旱现象而受到抑制，从而使食用菌干品得以长期保藏。常采用自然干制法和机械干制法。自然干制法，老百姓俗称晒干或晾干，指依靠太阳能晒干或热风干燥食用菌的方法。其优点是节约能源、设备简单、操作技术简单；缺点是受气候、季节影响较大，不能完全符合实际生产需要。机械干制就是利用烘房或烘干机等设备，使菇体干燥的方法（图4-6）。此法优点是不受气候、季节影响，大大缩短干制时间，保证产品质量均匀一致，延长保存的时间，故被广泛推广。

二、羊肚菌干制方法

① 按羊肚菌客户需求的质量标准将子实体分级、去杂。

② 摊排上架时要将分级后的子实体单层摆放在竹帘上，大菇、厚菇于下层，小菇、薄菇于上层均匀排放在筛架上（图4-7、图4-8）。

③ 烘烤温度先低后高，初温30～35℃，之后每隔2h升高5℃。10h后，升温至50～55℃，保持此温直至烘干，期间始终打开排风口。

④ 最后1h，关闭排风口。烘干的羊肚菌含水量应在13%以下，用手翻动哗哗响。菇体保持原有形态，色泽好，菇香清淡（图4-9）。

⑤ 按出售标准用聚乙烯或聚丙烯袋分级包装烘好的羊肚菌，外包装选用牢固、卫生、美观的纸箱，装好后将其置于干燥防潮、密闭卫生、无虫鼠害的冷库中存放（图4-10）。

图4-6　食用菌烘干机

图4-7　羊肚菌子实体单层摆放

图4-8　准备烘干的羊肚菌子实体

图4-9　烘干后的羊肚菌子实体

(a)　　　　　　　(b)　　　　　　　(c)

图4-10　烘干后的羊肚菌子实体包装待售

第四节　双孢菇速冻技术

一、双孢菇速冻原理

采用快速冻结的方法迅速降低菇体的温度，使菇体内所含水分在短时间内均匀形成冰晶结构，从而有效抑制微生物和酶的活性，延长食用菌的贮藏时间。

二、双孢菇速冻方法

1. 选菇

目前速冻双孢菇主要是出口，要求选择菌盖新鲜、色白、圆整、直径5cm以内、半球形、边缘内卷、无畸形、无斑点、无鳞片，允许轻微薄菇，但菌褶不能发黑发红。菇柄切削平整，不带泥根，无空心，无变色（图4-11）。

2. 护色

将刚采摘并选好的双孢菇及时进行护色，尽快加工。常用亚硫酸盐溶液法和半胱氨酸溶液法进行护色。

亚硫酸盐溶液法是将采摘的双孢菇浸入300mg/kg的Na_2SO_3溶液或500mg/kg的$Na_2S_2O_3$溶液中浸泡2min后，立即将菇体浸泡在13℃以下的洁净清水中运往工厂。半胱氨酸溶液法是将采摘后的双孢菇浸入0.4mol/L半胱氨酸溶液30min后取出，也有良好的护色效果。经此法护色的双孢菇经4～6h，基本上保持了双孢菇的本色。半胱氨酸护色处理后的成品，菇色不如亚硫酸钠处理的那么白，略偏暗，但真实感强，汤汁清澈，呈淡黄色，口味好，基本上保持了双孢菇原有的风味。

3. 清洗

将经过护色处理后的双孢菇立即放入流动的清水中浸泡30min以上，充分脱去菇体上残留的护色液，使菇体上残留的SO_2量≤0.002%（图4-12）。

图4-11　采收清理后的双孢菇

图4-12　双孢菇清洗护色

4. 杀青

一般在热烫水中加入0.1%的柠檬酸溶液调整酸度来抑制子实体褐变，为了防止菇色变暗，热烫溶液酸度应经常调整并注意定期更换热烫水。当菇体放在冷水中下沉时，证明双孢菇已经热烫好了。

5. 冷却、沥干

热烫后的双孢菇应迅速送入冷却水池中冷透，同时滤去碎菇、烂菇、变色菇。期间注意不要延长冷却时间，以免影响菇体品质。

在速冻前，要将经冷却后的双孢菇进行沥干，否则，双孢菇表面含水分过多，会冻结成团，不利于包装，影响外观。

6. 速冻

双孢菇的速冻宜采用流化床速冻装置。将冷却、沥干的双孢菇均匀地放入流化床传送带上，由于双孢菇在流化床中仅能形成半流化状态，传送带的双孢菇层厚度为60～100cm，流化床装置（图4-13）内空气温度要求−40～−35℃，冷气流速4～6m/s，速冻时间25～35min，菇体中心温度为−18℃以下。

7. 分级

速冻后的双孢菇应按菌盖直径大小和菌柄长度，采用滚筒式分级机或机械振筒式分级机进行分级。

8. 复选

从经过机械分级后的双孢菇中，剔除不合乎速冻产品标准的菇：如畸形、斑点、锈溃、空心、脱柄、开伞、变色、薄菇等。

9. 包冰衣

为了保证速冻双孢菇的品质，防止产品在冷藏过程中干缩及氧化变色，双孢菇在分级、复选后尚须包冰衣。包冰衣有一定技术性，既要使产品包上一层薄冰，又不能使产品解冻或结块。具体做法是把5kg敲散开的并经过速冻的双孢菇倒进有孔塑料筐或不锈钢丝篮中，再浸入1～4℃的清洁水中2～3s，拿出后左右振动，摇匀沥干，并重复操作1次，使菇体表面均匀形成一层透明薄冰。

10. 包装

包装必须保证在−5℃以下低温环境中进行。温度在−4℃以上时速冻双孢菇会发生重结晶现象，极大地降低速冻双孢菇的品质。

11. 冷冻保藏

将检验后符合出口质量标准的速冻双孢菇迅速放入冷藏库冷冻，冷冻温度 -20 ～ -18℃（图4-14）。

图4-13　流化床速冻装置

图4-14　速冻的双孢菇成品

第五章

食用菌病虫害防治技术

食用菌在其生长和发育过程中，会受到多种病菌和害虫、杂菌的为害，影响了食用菌的产量和品质，严重时甚至导致绝收。人工栽培的食用菌，按照发病的原因，可以分为病原性病害（侵染性病害）和生理性病害（非侵染性病害）两大类。病原性病害是受到其他有害微生物的侵染而引起的，生理性病害是由不适宜的环境条件或不恰当的栽培措施所造成的。扫码视频10和视频11分别查看病原性病害的识别与防治和生理性病害的识别与防治。

食用菌病虫害的防治中必须坚持"以防为主，防重于治"的原则，采取生态防治、物理防治、生物防治和化学防治相结合的综合防治措施，确保食用菌生产达到高产、优质、高效和安全的目的（表5-1）。

视频10　　　视频11

表5-1　食用菌综合防治措施

防治措施	具体范畴	使用建议
生态防治	环境控制、原料选择使用、品种选择、栽培管理措施等	提倡多使用
物理防治	设障阻隔、灯光诱杀、日光暴晒、低温处理、高温灭菌等	提倡多使用
生物防治	利用细菌、真菌、病毒本身或其代谢产物等	未来趋势，积极倡导
化学防治	使用化学药剂进行防治	补救措施，少使用

第一节　菌丝体阶段病原性病害防治技术

一、病原性病害识别

1. 木霉

（1）**为害特点**　为害双孢菇、香菇、黑木耳、银耳等。木霉菌丝繁殖迅速，常在短时间内暴发，对多种食用菌造成严重为害（图5-1～图5-5）。

（2）**发生规律**　木霉孢子萌发适温为25～30℃，空气相对湿度为95%。分生孢子可在空气中传播，培养料、覆土和菌事操作都可将木霉孢子带入栽培场和培养室（表5-2）。

表5-2　木霉为害症状

为害时期	主要表现
初期	产生灰白色棉絮状的菌丝
中期	从菌丝层中心开始向外扩展
后期	菌落转为深绿色并出现粉状的分生孢子，菌落为浅绿、黄绿、蓝绿等颜色

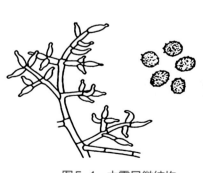

图5-1　木霉显微结构

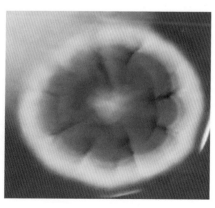

图5-2　木霉菌落

图5-3　木霉感染原种　　图5-4　木霉感染形成　　图5-5　木霉感染
　　　　　　　　　　　　　　　　拮抗线　　　　　　　　香菇菌棒

2. 青霉

（1）为害特点　该菌在食用菌制种和栽培阶段都可发生（图5-6～图5-10）。

（2）发生规律　菌丝生长适温为20～30℃，空气相对湿度为80%～90%，其传播主要由孢子随空气飞散而传播。食用菌制种如消毒不严、棉塞潮湿、培养室温度高、湿度大、通风不良、培养料偏酸等都易感染此菌（表5-3）。

表5-3　青霉为害症状

为害时期	主要表现
初期	与食用菌菌丝相似，不易区分，菌落初为白色
中期	菌落很快转为松棉絮状，气生菌丝密集
后期	逐渐出现疏松单个的浅蓝色至绿色粉末状菌落，大部分呈灰绿色

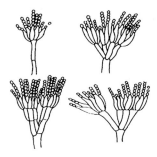
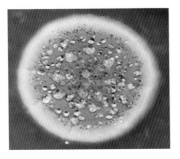

图5-6　青霉显微结构　　　　　　图5-7　青霉菌落

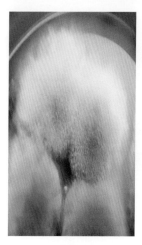  

图5-8 青霉菌落松棉絮状　图5-9 青霉感染原种　图5-10 青霉感染香菇菌棒

3.曲霉

（1）**为害特点**　常见的种类有黄曲霉、黑曲霉、白曲霉等，为害双孢菇、草菇、灵芝等菌种和培养料，抑制菌丝生长（图5-11～图5-14）。

（2）**发生规律**　温度高、湿度大时曲霉菌易发生，主要靠空气传播，培养料本身带菌或培养室消毒不严格是污染的主要原因（表5-4）。

表5-4　曲霉为害症状

为害时期	主要表现
初期	白色绒毛状菌丝体
中期	扩展较慢，菌落较厚
后期	很快转为黑色或黄绿色的颗粒性粉状霉层

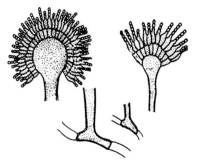 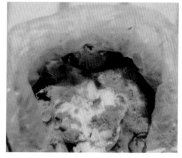

图5-11 曲霉显微结构　　　图5-12 黄曲霉感染菌袋

图5-13 黑曲霉感染大米培养基　　图5-14 黄曲霉感染大米培养基

4. 链孢霉

（1）为害特点　为害各种食用菌，蔓延迅速，暴发性强，对菌种威胁很大，严重时导致生产场所报废（图5-15～图5-18）。

（2）发生规律　链孢霉的生活力很强，分生孢子耐高温，在温度25℃以上、空气相对湿度85%～90%，繁殖极快，2～3d就可完成一代。传播方式主要为粉状孢子随气流扩散飞扬。制种或培养菌种期间，培养料灭菌不彻底，接种箱和培养室消毒不严，接种操作带菌，特别是棉塞受潮时易发生感染（表5-5）。

表5-5 链孢霉为害症状

为害时期	主要表现
初期	菌落初为白色粉粒状
中期	菌落很快变为橘黄色绒毛状，蔓延迅速
后期	在培养料表面形成一层团块状的孢子团，呈橙红色或粉红色

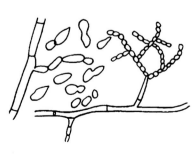
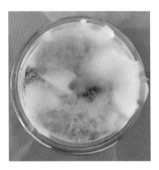

图5-15 链孢霉显微结构　　图5-16 链孢霉感染大米培养基

图5-17　链孢霉感染菌种　　　　图5-18　链孢霉感染菌袋

5. 毛霉

（1）**为害特点**　毛霉菌丝生长迅速，能深入培养料中，争夺水分和养分，并抑制食用菌菌丝的生长（图5-19～图5-23）。

（2）**发生规律**　毛霉在自然界分布很广，土壤和空气中都有毛霉的孢子存在，毛霉的孢子随气流传播，在温度25～30℃、空气相对湿度85%～95%、通风不良的情况下极易发生（表5-6）。

表5-6　毛霉为害症状

为害时期	主要表现
初期	菌落初为白色，棉絮状
中期	老后变为黄色、灰色或浅褐色
后期	不形成黑色颗粒状霉层（孢子囊）

图5-19　毛霉显微结构　　　　图5-20　毛霉感染大米培养基

图5-21 毛霉感染接种部位　图5-22 毛霉感染原种　图5-23 毛霉感染
栽培种

6.根霉

（1）**为害特点**　又称黑色面包霉，为害多种食用菌（图5-24～图5-26）。

（2）**发生规律**　根霉同毛霉一样，自然界分布广泛，土壤和空气中都有它的孢子，通常在气温高、通风不良的条件下易大量发生（表5-7）。

表5-7　根霉为害症状

为害时期	主要表现
初期	菌落初为白色棉絮状，菌丝白色透明，与毛霉相比，气生菌丝少
中期	后变为淡灰黑色或灰褐色
后期	在培养料表面形成一层黑色颗粒状霉层（孢子囊）

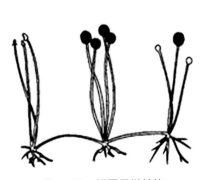

图5-24　根霉显微结构

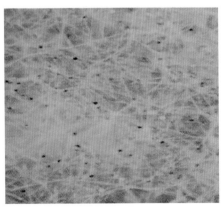

图5-25　根霉菌落

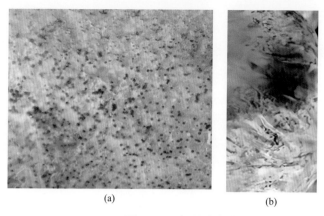

(a)　　　　　　　　　　(b)

图5-26　根霉感染菌袋

7. 细菌

（1）为害特点　使食用菌菌丝生长不良或不能生长，严重时，培养料会变质、发臭、腐烂（图5-27）。

（2）发生规律　细菌广泛存在于土壤、空气、水和各种有机物中，靠空气、水、昆虫等进行传播。细菌适于生活在高温、高湿及中性、微碱性的环境中。灭菌不彻底是细菌发生的主要原因，环境温度过高、通风不好及培养料过湿、中性或微碱性时，易发生细菌污染（表5-8）。

表5-8　细菌为害症状

污染对象	主要表现
母种	细菌菌落多为白色、无色或黄色，黏液状，常包围食用菌接种点
培养料	呈现黏湿、色深，散发出恶臭气味

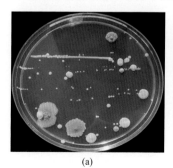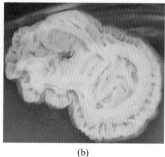

(a)　　　　　　　　　(b)　　　　　　　　(c)

图5-27　细菌菌落

8. 酵母菌

（1）为害特点　可污染各级菌种和栽培袋，尤其以母种培养基上最为常见。使培养料上多数不能形成菌丝，抑制食用菌菌丝生长，引起培养料酸败（图5-28、图5-29）。

（2）发生规律　酵母菌喜欢生长在含糖量高又带酸性的环境里。培养料水分过大、装料时压得太实、通气不良、环境温度超过25℃、空气湿度过大时，该菌易发生（表5-9）。

表5-9　酵母菌为害症状

为害时期	主要表现
前期	菌落表面光滑、湿润，有黏稠性，不透明，大多呈乳白色，少数呈粉红色
中后期	被酵母菌感染的培养料会产生浓重的酒味

图5-28
酵母菌菌落

(a)

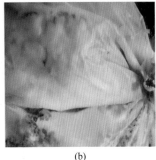

(b)

图5-29　酵母菌感染菌袋

9. 黏菌

（1）为害特点　病原菌为绒泡菌、煤绒菌等，也可以统称为白黏菌、黄黏菌。菇床或菌块、菌袋上一旦发生黏菌，在条件适宜时，其营养体即黏稠的菌落1天就可以扩散几厘米到几十厘米，很快覆盖整个床面，同时伴随细菌和线虫大量发生，造成毁灭性灾害（图5-30、图5-31）。

（2）发生规律　病原菌来自土壤、培养料或空气，环境潮湿、阴暗、有机质丰富、细菌多的条件利于病原菌发生和蔓延（表5-10）。

表5-10　黏菌为害症状

为害时期	主要表现
初期	黏菌营养体生长，床面出现白色、黄白色、鲜黄色或土灰色菌落，没有菌丝
中期	继续扩展，前缘呈现扇状或羽毛状，边缘清晰
后期	培养料变潮湿，逐渐腐烂，菌丝消失，子实体水浸状腐烂

图5-30　白黏菌菌落

图5-31　黄黏菌菌落

二、病原性病害防治

菌丝体与子实体阶断常见病虫害的综合防治及病原性病害的化学防治分别见表5-11、表5-12。

表5-11　菌丝体与子实体阶段常见病虫害的综合防治

生态防治	物理防治	生物防治	化学防治
① 选择适宜本地区的栽培模式 ② 选择高产、抗病、适合本地区和所选栽培模式的品种 ③ 配方C/N合理 ④ 根据栽培品种的特点和栽培季节掌握好制种和栽培的最佳时间	① 培养料使用前要暴晒 ② 栽培环境设置防虫网，利用黑光灯诱杀 ③ 创造适宜生长的环境条件	使用微生物或其代谢产物喷洒、拌料，如农用抗生素，但现今在起步阶段	① 使用食用菌登记使用药品 ② 使用其他药品要注意国际、国内农药使用的相关规定，不能使用禁用药品 ③ 详见表5-12

表5-12　菌丝体阶段常见病原性病害的化学防治

药剂名称	使用方法	防治对象	农药类别
苯酚	3%～4%溶液环境喷雾	细菌、真菌	非食用菌登记使用药品；非2004年1月欧盟禁用农药；非《中华人民共和国农药管理条例》不允许使用的药品
甲醛	环境、土壤熏蒸、患部注射	细菌、真菌	
新洁尔灭	0.25%水溶液浸泡、清洗	真菌	
高锰酸钾	0.1%药液浸泡消毒	细菌、真菌	
硫酸铜	0.5%～1%环境喷雾	真菌	
波尔多液	1%药液环境喷洒	真菌	
石灰	2%～5%溶液环境喷洒，1%～3%比例拌料	真菌	
漂白粉	0.1%药液环境喷洒	细菌	
来苏尔	0.5%～1%环境喷雾；1%～2%清洗	细菌、真菌	
硫黄	小环境燃烧	细菌、真菌	
多菌灵	1∶800倍药液喷洒，0.2%比例拌料	真菌	
苯菌灵	1∶500倍药液拌土；1∶800倍药液拌料	真菌	
百菌清	0.15%药液环境喷雾	真菌	
代森锌	0.1%药液环境喷洒	真菌	
噻菌灵（图5-32）	拌料、喷雾	细菌、真菌	食用菌登记使用药品
菇丰	拌料、喷雾	木霉	
二氯异氰尿酸钠（图5-33）	100倍拌料，30～40倍注射或喷雾	细菌、真菌	
优氯二氯异氰尿酸钠	拌料、喷雾	木霉	

图5-32　噻菌灵

图5-33　二氯异氰尿酸钠

第二节 菌丝体阶段生理性病害防治技术

一、菌丝徒长与防治

主要发生在覆土栽培的种类，俗称"冒菌丝"（表5-13、图5-34）。

表5-13 菌丝徒长的识别与防治

原因	主要症状	防治措施
菇床的空气相对湿度过大，通风不良	气生菌丝旺盛出现	避免中午喷水、加大通风、降低菇房温度、及时用齿耙划破徒长的菌丝层、慎重选用气生型菌株
环境和培养料温度过高	覆土层出现"菌被"	

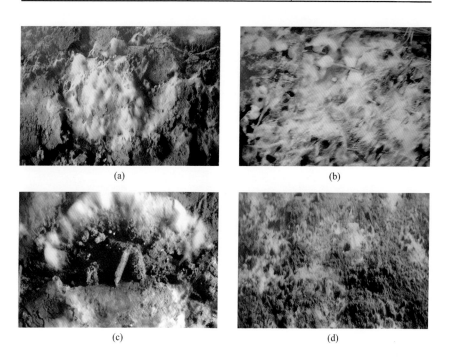

(a)

(b)

(c)

(d)

图5-34 菌丝徒长

二、菌丝萎缩与防治

主要发生在覆土栽培的食用菌种类，常在发菌与出菇阶段出现菌丝发黄、发黑、萎缩甚至死亡的现象（表5-14、图5-35、图5-36）。

表5-14　菌丝萎缩的识别与防治

原因	主要症状	防治措施
C/N太低导致氨中毒	菌丝死亡	调节合理的C/N
发酵时间过长，培养料酸化、过于腐熟	菌丝成细线状	适度发酵
覆土层喷水过多渗入料层，造成培养料过湿、缺氧	菌丝萎缩	浇水不可过多、过急
CO_2浓度过高	菌丝发黄、死亡	加强通风
温度过高造成"烧菌"	菌丝萎缩、死亡	控制环境温度和料温适度

 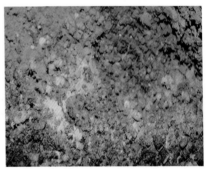

图5-35　菌丝萎缩　　　　　　　　图5-36　断菌

第三节　菌丝体阶段虫害防治技术

一、常见虫害识别

1. 菇蚊

菇蚊以幼虫为害食用菌的菌丝体，几乎涉及所有食用菌，以平菇、双孢菇、香菇、金针菇、黑木耳、银耳、猴头等受害最重。幼虫可在培养料内穿行觅食，能把菌丝咬断吃光，造成"退菌"，并使料面发黑，成为松散渣状。子实体受害后，发黄、干枯死亡（图5-37）。

2. 菇蝇

为害平菇、双孢菇、黑木耳、银耳等。菇蝇幼虫可为害食用菌的培养料、菌丝（也为害子实体）。幼虫在培养料内，不仅取食菌丝，还分泌排泄有毒的物质，使食用菌菌丝生长受到抑制，菌丝体颜色变红。幼虫在培养料内穿行，还可使培养料变质，导致杂菌发生（图5-37）。

3. 瘿蚊

瘿蚊以幼虫为害食用菌，是双孢菇、平菇等栽培中普遍发生、为害最重的一种害虫，也为害黑木耳、银耳、金针菇等种类。幼虫生长在培养料中，在培养料及覆土中大量繁殖，取食食用菌的菌丝和培养料中的养分，从而影响发菌，使菌丝衰退（图5-37）。

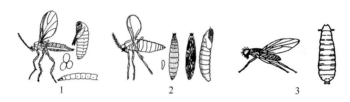

图5-37　菇蚊、菇蝇和瘿蚊

1—菇蚊；2—菇蝇；3—瘿蚊

4. 螨类

螨类在菌种生产和栽培过程中，可直接取食菌丝，造成菌丝枯萎、衰退，严重时能把大部分菌丝吃光。螨类多喜温暖、潮湿环境，常潜伏在棉籽皮、麦麸、米糠、稻草中产卵，可随着这些原料带入菇房（图5-38）。

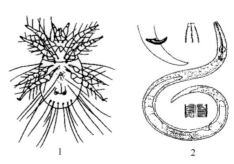

图5-38　螨类和线虫

1—螨类；2—线虫

5. 线虫

有口针的线虫，以口针刺入菌丝内，吸食细胞液，使菌丝生长受阻，甚至萎缩衰退。线虫本身的活动范围很小，随培养料、覆土和水进入菇房。同时，人、工具、昆虫等也可将线虫带入，进行传播（图5-38）。

二、常见虫害防治

菌丝体与子实体阶段常见虫害的综合防治参照表5-11，化学防治见表5-15。

表5-15 菌丝体与子实体阶段常见虫害的化学防治

药剂名称	使用方法	防治对象	农药类别
苯酚	3%～4%溶液环境喷雾	成虫、虫卵	非食用菌登记使用药品；非2004年1月欧盟禁用农药；非《中华人民共和国农药管理条例》不允许使用的药品
甲醛	环境、土壤熏蒸	线虫	
高锰酸钾	0.1%药液浸泡消毒	线虫	
漂白粉	0.1%药液环境喷洒	线虫	
硫黄	小环境燃烧	成虫	
50%二嗪磷	1500～2000倍药液喷雾	双翅目昆虫	
45%马拉硫磷	2000倍药液喷雾	双翅目昆虫、跳虫	
48%毒死蜱	2000倍药液喷雾	双翅目昆虫	
10%氯氰菊酯	2000倍药液喷雾	双翅目、鞘翅目昆虫	
50%辛硫磷	1000倍药液喷雾	双翅目昆虫	
80%敌百虫	1000倍药液喷雾	双翅目昆虫	
20%氰戊菊酯	2000倍药液喷雾	双翅目昆虫	
25%菊乐合酯	1000倍药液拌覆土	双翅目昆虫、跳虫	
除虫菊粉	20倍药液喷雾	双翅目昆虫	
鱼藤酮	1000倍药液喷雾	双翅目昆虫、跳虫、鼠妇	
氨水	小环境熏蒸	双翅目昆虫、螨类	
73%炔螨特	1200～1500倍药液喷雾	螨类	
食盐	5%～10%药液喷雾	蛞蝓、蜗牛	
四聚乙醛	1.5～3.0kg药剂加50kg豆饼	蛞蝓、蜗牛	
氟虫腈	5%悬浮剂2000倍药液喷雾	昆虫、螨类	食用菌登记使用药品
菇净	1500倍药液喷雾	昆虫、螨类	

第四节 子实体阶段病原性病害防治技术

一、子实体阶段病原性病害识别

1. 湿泡病

（1）**为害特点** 病原微生物为菌盖疣孢霉，主要感染子实体，不感染菌丝体（图5-39）。

（2）**发生规律** 菌盖疣孢霉的厚垣孢子可在土壤中休眠数年，初侵染主要来源于土壤；菇棚内的再度侵染、病害蔓延，来源于菇床上的病菇。病菇上的菌盖疣孢霉孢子在喷水期间散向四周传播，人、昆虫、螨类、气流等也可传播。双孢菇从开始感染菌盖疣孢霉到发病需10d左右，比正常出菇要早4～5d。出菇室高温、高湿、通风不良时发病严重，10℃以下极少发病（表5-16）。

表5-16 菌盖疣孢霉为害症状

为害时期 （或部位）	主要表现
菇蕾	形成表面覆盖白色绒毛状菌丝的马勃状组织块，并逐渐变褐，渗出暗褐色汁液
菌柄	变褐，基部有绒毛状病菌菌丝
子实体初期	严重感染时，分化受阻，形成畸形菇；轻度感染时，菌柄肿大，出现褐色斑点
子实体末期	感染部位出现角状淡褐色斑点，病菇变褐腐烂渗出褐色的汁液，并散发恶臭气味

2. 干泡病

（1）**为害特点** 病原微生物为菌生轮枝霉。主要感染双孢菇、金针菇，侵染速度快（图5-39）。

（2）**发生规律** 初侵染来源主要是覆土及周围环境中的菌生轮枝霉孢子。菇床发病后，通过喷水孢子溅向四周传播。昆虫、螨类、人和工具、气流也可传播。菇房内气温高于20℃，湿度较大时，有利于干泡病发生（表5-17）。

表5-17　菌生轮枝霉为害症状

为害时期 （或部位）	主要表现
菇蕾	形成与褐腐病相似的组织块，但颜色暗、块体小、质地干、不能分化菌柄和菌盖
菌盖	产生许多不规则针头大小褐色斑点，逐渐扩大产生灰白色凹陷
菌柄	菌柄加粗变褐，外层组织剥裂
后期	病菇干裂枯死、菌盖歪斜畸形、菇体腐烂速度慢、不分泌褐色汁液、无特殊臭味

图5-39　疣孢霉和轮枝霉

1—疣孢霉；2—轮枝霉

3. 软腐病

（1）**为害特点**　病原微生物为树状葡枝霉，主要为害双孢菇、平菇和金针菇等。此病在菇房只是小范围发生，很少大面积流行（图5-40）。

（2）**发生规律**　树状葡枝霉广泛存在于土壤中，覆土中的树状葡枝霉常是初侵染来源，孢子萌发后，在覆土或菇体表面形成菌落，并在短期内产生孢子。通过覆土、水滴、虫类、人体及气流传播。其菌丝生长最适温度为25℃左右，最适pH在3～4之间，在空气相对湿度过大、覆土层或培养料过湿条件下易发病（表5-18）。

表5-18　树状葡枝霉为害症状

为害时期	主要表现
初期	料面上出现一层灰白色棉毛状（也称蛛网状）菌丝，蔓延迅速
中期	扩展至整个菇床，把子实体全部"吞没"，只看到一团白色的菌丝
后期	菌丝变成水红色，蔓延至整个子实体，淡褐色水渍状软腐，不畸形，手触即倒

4. 细菌性斑点病

（1）为害特点 病原微生物为托拉斯假单胞杆菌，主要为害双孢菇、平菇、金针菇的菌盖，不深入菌肉，病菇不腐烂（图5-40）。

（2）发生规律 该菌在自然界分布广泛，通常生存在土壤或不洁净的水中。可通过空气、水、覆土、蚊蝇、线虫、工具和人为传播。覆土有细菌，或用水不洁，菇房通风不好，在高温、高湿、菇体表面积水时，都易导致该病的发生（表5-19）。

表5-19 托拉斯假单胞杆菌为害症状

为害时期	主要表现
初期	病斑很小，淡黄色
中期	逐渐扩大为暗褐色圆形或梭形中间凹陷的病斑，几个到几十个，表面有薄的菌脓
后期	斑点干后菌盖开裂，形成不规则的子实体

5. 细菌性软腐病

（1）为害特点 病原微生物为荧光假单孢杆菌，主要为害双孢菇、凤尾菇、金针菇。该病菌侵染后，发病部位多从菌盖开始，有时也先感染菌柄。

（2）发生规律 病菌可通过不清洁的土壤、水、菇蝇、螨类进行传播。在高温、高湿的环境下，有利此病发生（表5-20）。

表5-20 荧光假单孢杆菌为害症状

为害时期	主要表现
初期	菌盖上可出现淡黄色水渍状斑点
中期	迅速扩展，当病斑遍及整个菌盖或延至菌柄，子实体变为褐色
后期	子实体软腐，有黏性，并散发出恶臭气味，湿度大时菌盖上可见乳白色菌脓

6. 白色石膏霉

（1）为害特点 别名粪生帚霉，主要为害覆土层，是双孢菇等覆土栽培种类的常见杂菌。该病菌侵染后，菌丝生长受抑制，甚至造成绝收（图5-40）。

（2）**发生规律**　病原菌通过土壤、空气、培养料中的粪土、昆虫等进行传播。高温、高湿、培养料发酵不彻底、碱性过强等利于此病的发生（表5-21）。

表5-21　白色石膏霉为害症状

为害时期	主要表现
初期	白色菌斑外缘绒毛状，中心粉状，有光泽，似涂抹石灰
中期	菌斑转成深黄色面粉样
后期	菌丝自溶，培养料变黑、变黏，产生恶臭

7. 褐色石膏霉

（1）**为害特点**　别名菌床团丝球菌，主要为害覆土栽培的种类，出菇期在覆土层发生。该病菌侵染后，出菇量锐减（图5-41）。

（2）**发生规律**　培养料发酵不足、过熟、含水量过大、碱性过强、高温、高湿是发生此病的主要原因（表5-22）。

表5-22　褐色石膏霉为害症状

为害时期	主要表现
初期	大量白色浓密的菌斑
中期	菌斑中央逐渐变成褐色，呈颗粒状，触摸手感滑
后期	菌斑干枯龟裂

8. 胡桃肉状菌

（1）**为害特点**　别名假菌块，主要为害覆土栽培的种类，发生在第一潮菇的覆土与培养料间，是毁灭性的杂菌（图5-41、图5-42）。

（2）**发生规律**　病原菌可以通过堆肥、覆土、工具等传播。高温、高湿是诱导菇床上该病原菌暴发的主要原因，培养料偏酸也利于该病的发生（表5-23）。

表5-23　胡桃肉状菌为害症状

为害时期	主要表现
初期	菌丝黄白色，有时橙色或奶油色毡状
中期	形成子座，似胡桃，有皱褶，初期白色

为害时期	主要表现
后期	子座后期黄色或淡棕红色，有明显的漂白粉味

9.鬼伞

（1）为害特点　病原菌为粪鬼伞、大根鬼伞、晶粒鬼伞和毛鬼伞等，菌丝体阶段和子实体阶段都出现，为害菌种、栽培袋，但以覆土栽培中出现较普遍，与菌丝争夺培养料的营养，抑制菌丝生长（图5-43）。

（2）发生规律　病原菌可以通过空气、覆土等传播。培养料发酵温度偏低、发酵不彻底，环境高温、潮湿，卫生条件差等利于此菌的发生（表5-24）。

表5-24　鬼伞为害症状

为害时期	主要表现
初期	菌丝体白色，易与食用菌菌丝混淆，但生长速度快
中期	很快形成点状白色子实体原基，料袋内细长的白色菌柄贴袋壁生长迅速
后期	子实体单生、丛生，很快枯萎或墨化

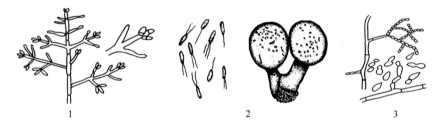

图5-40　病原微生物显微结构（一）

1—树状葡枝霉；2—托拉斯假单胞杆菌；3—白色石膏霉

图5-41　病原微生物显微结构（二）

1—褐色石膏霉；2—胡桃肉状菌

图5-42　胡桃肉状菌　　　　　　　　图5-43　鬼伞

10. 总状炭角菌病

（1）**为害特点**　病原菌为总状炭角菌。鸡腿菇栽培一般第一潮菇结束后在覆土层大量发生，造成鸡腿菇栽培减产甚至绝收，为害是毁灭性的。目前对该病原菌的研究还存在诸多空白（图5-44）。

（2）**发生规律**　病原菌孢子通过土壤、空气传播。高温、高湿、通风不畅是导致该病发生的主要原因。总状炭角菌是典型的伴生菌（表5-25）。

表5-25　总状炭角菌为害症状

为害时期	主要表现
初期	菌丝体白色，易与食用菌菌丝混淆
中期	料袋内形成菌索，分泌黄褐色色素；覆土层中出现极其粗壮的丛生的菌索
后期	在覆土层表面形成丛生的子实体

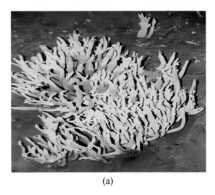

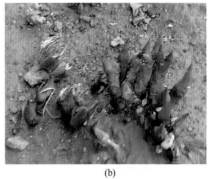

(a)　　　　　　　　　　　　　　　　(b)

图5-44　总状炭角菌子座

二、子实体阶段病原性病害防治

子实体阶段常见病原性病害的综合防治措施参照表5-11，化学防治措施参照表5-12。

第五节　子实体阶段生理性病害防治技术

子实体阶段的生理性病害主要表现为畸形（表5-26）。

表5-26　子实体阶段常见的生理性病害及防治

原因	主要症状	防治措施
CO_2浓度高	因品种不同，症状差异较大。如灵芝长成鹿角状，平菇只长菌柄不长菌盖，猴头则出现珊瑚状分枝	改善环境条件，可以得到缓解或彻底改善
温度过低	香菇形成菌柄、菌盖不分化的"荔枝菇"；平菇菌盖表面出现瘤状或颗粒状的突起形成"瘤盖菇"	
湿度过大	菌盖上又长出小菇蕾，出现二次分化现象	
光线不足	香菇和平菇出现菌柄偏长、菌盖过小的"高脚菇"	
用药不当	往往造成严重畸形	
其他原因	出现地雷菇、空心菇、硬开伞等	

第六节　子实体阶段虫害防治技术

一、常见虫害识别

1. 跳虫

俗称烟灰虫，为害多种食用菌，代表种类为紫跳虫（图5-45）。

（1）为害特点　为害子实体时，常从菌褶侵入，被害子实体菌褶出现缺刻，菌盖表面形成无表皮的小坑似"麻子"，喜食幼菇，将菇咬成百孔千疮，不堪食用（也为害菌丝体，咬食菌丝使菌丝萎缩死亡，并常隐藏于料的缝隙中）。

（2）**发生规律**　跳虫喜湿喜腐，在垃圾堆、枯草和腐殖质较多的菜园地上常有跳虫的栖息。特别是在连续下雨后转晴数量尤多，如食用菌菇床有机质丰富、湿度较高、温度又适宜，紫跳虫常迁移到菇床为害子实体。收菇结束，多数随着清除废料而进入肥料堆或土壤中生活。

2. 蛞蝓

又称鼻涕虫，为害多种食用菌（图5-46）。

（1）**为害特点**　直接取食菇蕾、幼菇或成熟的子实体；子实体被啃食处留下明显的缺刻或凹陷斑块，影响菇蕾发育和子实体的商品价值。

（2）**发生规律**　喜阴湿，不耐干燥，喜黑暗，厌光，夜间觅食，啃食菇蕾和菇盖，影响产量和质量。

3. 其他害虫（有害动物）

为害菌丝体的害虫和有害动物一般也为害子实体。菇蚊幼虫为害食用菌的子实体；瘿蚊幼虫为害食用菌，菇蕾受害后枯死或发育不良，子实体全面受害，严重影响产量和质量；菇蝇幼虫为害子实体，导致菇体出现许多孔洞，从而使食用菌失去商品价值；子实体形成阶段发生螨害，螨类可咬食菇蕾，造成菇蕾枯死或子实体萎缩，同时螨类还可传播病菌；线虫为害，菇蕾受害变软、腐烂，菌盖受害时先在中央变黄，呈水浸状变软、腐

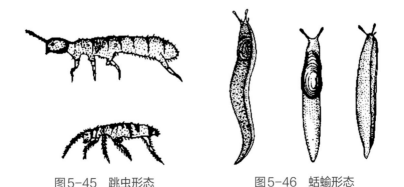

图5-45　跳虫形态　　　　　图5-46　蛞蝓形态

烂。线虫不仅直接造成食用菌减产，而且伤口利于细菌侵染，同时又是病毒传播的媒介。

二、常见虫害防治

子实体阶段常见虫害（动物为害）的综合防治措施参照表5-11，化学防治措施参照表5-15。

附　录

附录1　食用菌术语（摘录）（GB/T 12728—2006）

1. 真菌：一类营异养生活，不进行光合作用；具有真核细胞；营养体为单细胞或丝状菌丝；细胞壁含有几丁质或纤维素；具有无性和有性繁殖特征的生物。

2. 大型真菌：子实体肉眼可见、徒手可采的真菌。

3. 食用菌：可食用的大型真菌，常包括食药兼用和药用大型真菌。多数为担子菌，如双孢蘑菇、香菇、草菇、牛肝菌等。少数为子囊菌，如羊肚菌、块菌等。

4. 药用菌：特指具药用价值并收入《中国药典》的大型真菌。如灵芝。

5. 担子菌：有性孢子外生在担子上的真菌。如银耳、香菇等。

6. 子囊菌：有性孢子内生于子囊的真菌。如羊肚菌、块菌、虫草等。

7. 伞菌：泛指子实体伞状的大型真菌。如牛肝菌、金针菇等。

8. 培养基：具有适宜的理化性质，用于微生物培养的基质。

9. 转化率：单位质量培养料的风干物质所培养产生的子实体或菌丝体风干干重，常用百分数表示。如风干料100kg产生了风干子实体10kg，即为转化率10%。

10. 生物学效率：单位质量培养料的风干物质所培养产生的子实体或菌丝体质量（鲜重），常用百分数表示。如风干料100kg产生了新鲜子实体50kg，即为生物学效率50%。

11. 菌丝：丝状真菌的结构单位，由管状细胞组成，有隔或无隔，是菌丝体的构成单元。

12. 菌丝体：菌丝的集合体。

13. 初生菌丝体：由担孢子萌发形成的菌丝体。多数在每个细胞内含有一个单倍体的核。也常称为单核菌丝。

14. 次生菌丝体：初生菌丝经细胞质融合形成的双核菌丝。也常称为双核菌丝。

15. 锁状联合：一种锁状桥接的菌丝结构，是异宗结合担子菌次生菌丝的特征。

16. 气生菌丝：生长在培养基表面空间的菌丝。

17. 基内菌丝：生长在培养基内的菌丝。

18. 菌索：某些真菌菌丝集结而成的绳索状结构。又称根状菌索、菌丝束。

19. 原基：尚未分化的原始子实体的组织团。

20. 菇蕾：由原基分化的有菌盖和菌柄的幼小子实体。

21. 子实体：产生孢子的真菌组织器官。如子囊果、担子果。食用菌中供食用的菇体和耳片都是子实体。

22. 担子：担子菌发生核融合和减数分裂并产生担孢子的细胞结构。

23. 孢子：真菌经无性或有性过程所产生的繁殖单元。

24. 有性孢子：经减数分裂而形成的孢子。如担孢子、子囊孢子。

25. 无性孢子：未经减数分裂形成的孢子。如分生孢子。

26. 子囊孢子：产生于子囊中的有性孢子。如羊肚菌的子囊孢子。

27. 担孢子：在担子上产生的有性孢子。如香菇的担孢子。

28. 菌盖：伞菌生长在菌柄上产生孢子的组织结构，由菌肉和菌褶或菌管组成，也是多数食用菌的主要食用部分。

29. 菌褶：垂直于菌盖下侧呈辐射状排列的片状结构，其上形成担子，产生担孢子。

30. 生活史：食用菌生活史，一般是指有性孢子→菌丝→子实体→有性孢子的整个生长发育循环周期。

31. 木腐菌：自然生长在木本植物上可引起木材腐烂的大型真菌。人工栽培的食用菌多数是木腐菌，如香菇、金针菇等。

32. 草腐菌：自然生长在草本植物残体上的大型真菌。人工栽培的食用菌有的是草腐菌，如草菇、双孢蘑菇。

33. 白腐菌：以分解树木或木材中木质素为主要碳源，引起树木或木材白色腐朽的大型真菌。如平菇。

34. 褐腐菌：以分解树木或木材中的纤维素和半纤维素为主要碳源，但不利用木质素，引起树木或木材褐色腐朽的真菌。如茯苓。

35. 土生菌：自然生长在富含有机质的土壤中的各类大型真菌。如羊肚菌。

36. 粪生菌：以腐熟动物粪便为营养源的腐生大型真菌。如粪污鬼伞。

37. 营养生长：食用菌菌丝体在培养基质中吸收营养不断生长的过程。

38. 生殖生长：食用菌菌丝体扭结形成子实体原基、分化、生长发育的全过程。

39. 菌株：种内或变种内在遗传特性上有区别的培养物。

40. 菌种：生长在适宜基质上具结实性的菌丝培养物，包括母种、原种和栽培种。

41. 母种：经各种方法选育得到的具有结实性的菌丝体纯培养物及其继代培养物。也称一级种、试管种。

42. 原种：由母种移植、扩大培养而成的菌丝体纯培养物。也称二级种。

43. 栽培种：由原种移植、扩大培养而成的菌丝体纯培养物。栽培种只能用于栽培，不可再次扩大繁殖菌种。也称三级种。

44. 熟料栽培：利用经灭菌处理的培养料进行的栽培。

45. 发酵料栽培：培养料堆积发酵后，进行食用菌栽培的方法。

46. 段木栽培：利用木段栽培食（药）用菌的方法。

47. 代料栽培：利用各种农林废弃物代替原木栽培食（药）用菌。

48. 主料：以满足食用菌生长发育所需要的碳源为主要目的的原料。多为木质纤维素类的农林副产品，如木屑、棉籽壳、麦秸、稻草等。

49. 辅料：以满足食用菌生长发育所需要的有机氮源为主要目的的原料。多为较主料含氮量高的糠、麸、饼肥、鸡粪、大豆粉、玉米粉等。

50. 碳氮比：培养料中碳与氮的含量比。常用英文缩写"C/N"表示。

附录2　无公害食品食用菌栽培基质安全技术要求（NY 5099—2002）

1　范围

本标准规定了无公害食用菌培养基质用水、主料、辅料和覆土用土壤的安全技术要求，以及化学添加剂、杀菌剂、杀虫剂使用的种类和方法。本标准适用于各种栽培食用菌的栽培基质。

2　规范性引用文件

下列文件中的条款通过本标准的引用而成为本标准的条款。凡是注日期的引用文件，其随后所有的修改单（不包括勘误的内容）或修订版均不适于本标准，然而，鼓励根据本标准达成协议的各方研究是否可使用这些文件的最新版本。凡是不注日期的引用文件，其最新版本适用于本标准。

GB 5749　生活饮用水卫生标准

GB 15618　土壤环境质量标准

3　术语和定义

下列术语和定义适用于本标准。

3.1　主料

组成栽培基质的主要原料，是培养基中占数量比重大的碳素营养物质。如木屑、棉籽壳、作物秸秆等。

3.2　辅料

栽培基质组成中配量较少、含氮量较高、用来调节培养基质的C/N的物质。如糖、麸、饼肥、禽畜粪、大豆粉、玉米粉等。

3.3　杀菌剂

用来杀灭有害微生物或抑制其生长的药剂，包括消毒剂。

3.4 生料

未经发酵或灭菌的培养基质。

4 要求

4.1 水

应符合GB 5749规定。

4.2 主料

除桉、樟、槐、苦楝等含有害物质树种外的阔叶树木屑；自然堆积六个月以上的针叶树种的木屑；稻草、麦秸、玉米芯、玉米秸、高粱秸、棉籽壳、废棉、棉秸、豆秸、花生秸、花生壳、甘蔗渣等农作物秸秆皮壳；糠醛渣、酒糟、醋糟。要求新鲜、洁净、干燥、无虫、无霉、无异味。

4.3 辅料

麦麸、米糖、饼肥（粕）、玉米粉、大豆粉、禽畜粪等。要求新鲜、洁净、干燥、无虫、无霉、无异味。

4.4 覆土材料

① 泥炭土、草炭土。

② 壤土。

符合GB 15618中4对二级标准值的规定。

4.5 化学添加剂

参见备注1。

4.6 栽培基质处理

食用菌的栽培基质，经灭菌处理的，灭菌后的基质需达到无菌状态；不允许加入农药。

4.7 其他要求

参见备注2。

备注1：食用菌栽培基质常用化学添加剂种类、功效、用量和使用方法见下表。

添加剂种类	使用方法与用量
尿素	补充氮源营养，0.1% ～ 0.2%，均匀拌入栽培基质中
硫酸铵	补充氮源营养，0.1% ～ 0.2%，均匀拌入栽培基质中

添加剂种类	使用方法与用量
碳酸氢铵	补充氮源营养，0.2%～0.5%，均匀拌入栽培基质中
氰氨化钙（石灰氮）	补充氮源和钙素，0.2%～0.5%，均匀拌入栽培基质中
磷酸二氢钾	补充磷和钾，0.05%～0.2%，均匀拌入栽培基质中
磷酸氢二钾	补充磷和钾，用量为0.05%～0.2%，均匀拌入栽培基质中
石灰	补充钙素，并有抑菌作用，1%～5%均匀拌入栽培基质中
石膏	补充钙和硫，1%～2%，均匀拌入栽培基质中
碳酸钙	补充钙，0.5%～1%，均匀拌入栽培基质中

备注2：不允许使用的化学药剂。

① 高毒农药

按照《中华人民共和国农药管理条例》，剧毒和高毒农药不得在蔬菜生产中使用，食用菌作为蔬菜的一类也应完全参照执行，不得在培养基质中加入。高毒农药有三九一一、苏化203、一六〇五、甲基一六〇五、一〇五九、杀螟威、久效磷、磷胺、甲胺磷、异丙磷、三硫磷、氧化乐果、磷化锌、磷化铝、氰化物、呋喃丹、氟乙酰胺、砒霜、杀虫脒、西力生、赛力散、溃疡净、氯化苦、五氯酚钠、二氯溴丙烷、四〇一等。

② 混合型基质添加剂

含有植物生长调节剂或成分不清的混合型基质添加剂。

③ 植物生长调节剂

附录3　食用菌菌种生产技术规程（节选）（NY/T528—2010）

4.1　技术人员

应有与菌种生产所需要的技术人员，包括检验人员。

4.2　场地选择

4.2.1　基本要求

地势高燥，通风良好，排水畅通，交通便利。

4.2.2　环境卫生要求

300m之内无规模养殖的禽畜舍、垃圾和粪便堆积场，无污水、废气、废渣、烟尘和粉尘污染源，50m内无食用菌栽培场、集贸市场。

4.3　厂房设置和布局

4.3.1　设置和建造

4.3.1.1　总则

有各自隔离的摊晒场、原材料库、配料分装室（场）、灭菌室、冷却室、接种室、培养室、贮存室、菌种检验室等。厂房从结构和功能上应满足食用菌菌种生产的基本需要。

4.3.1.2　摊晒场

地面平整、光照充足、空旷宽阔、远离火源。

4.3.1.3　原材料库

防雨防潮，防虫、防鼠、防火、防杂菌污染。

4.3.1.4　配料分装室（场）

水电方便，空间充足。如安排在室外，应有天棚，防雨防晒。

4.3.1.5　灭菌室

水电安装合理，操作安全，通风良好，排气通畅、进出料方便，热源配套。

4.3.1.6　冷却室

洁净、防尘、易散热。

4.3.1.7　接种室

防尘性能良好，内壁和屋顶光滑，易于清洗和消毒，换气方便，空气洁净。

4.3.1.8　培养室和贮存室

内壁和屋顶光滑，便于清洗和消毒；墙壁厚度适当，利于控温、控湿，便于通风；有防虫防鼠措施。

4.3.1.9　菌种检验室

水电方便，利于装备相应的检验仪器和设备。

4.3.2　布局

应按菌种生产工艺流程合理安排布局，无菌区与有菌区有效隔离。

4.4 设备设施

4.4.1 基本设备

应具有磅秤、天平、高压灭菌锅或常压灭菌锅、净化工作台或接种箱、调温设备、除湿设备、培养架、恒温箱或培养室、冰箱或冷库、显微镜等及常规用具。高压灭菌锅应使用经有资质部门生产与检验的安全合格产品。

4.4.2 基本设施

配料、分装、灭菌、冷却、接种、培养等各环节的设施应配套。冷却室、接种室、培养室和贮存室都要有满足其功能的基本配套设施，如控温设施、消毒设施。

4.5 使用品种和种源

4.5.1 品种

从具相应技术资质的供种单位引种，且种性清楚。不应使用来历不明、种性不清、随意冠名的菌种和生产性状未经系统试验验证的组织分离物作种源生产菌种。

4.5.2 种源质量检验

母种生产单位每年在种源进入扩大生产程序之前，应进行菌种质量和种性检验，包括纯度、活力、菌丝长势的一致性、菌丝生长速度、菌落外观等，并做出菇试验，验证种性。种源出菇试验的方法及种源质量要求，应符合NY/T 1742—2009中5.4的规定。

4.5.3 移植扩大

母种仅用于移植扩大原种，一支母种移植扩大原种不应超过6瓶（袋）；原种移植扩大栽培种，一瓶谷粒种不应超过50瓶（袋），木屑种、草料种不应超过35瓶（袋）。

4.6 生产工艺流程

培养基配制→分装→灭菌→冷却→接种→培养（检查）→成品。

4.7 生产过程中的技术要求

4.7.1 容器

4.7.1.1 使用原则

每批次菌种的容器规格要一致。

4.7.1.2　母种

使用玻璃试管或培养皿。试管的规格18mm×180mm或20mm×200mm。棉塞要使用梳棉或化纤棉，不应使用脱脂棉；也可用硅胶塞代替棉塞。

4.7.1.3　原种

使用850mL以下、耐126℃高温的无色或近无色的、瓶口直径≤4cm的玻璃瓶或近透明的耐高温塑料瓶，或15cm×28cm耐126℃高温符合GB 9688卫生规定的聚丙烯塑料袋。各类容器都应使用棉塞，棉塞应符合4.7.1.2规定；也可用能满足滤菌和透气要求的无棉塑料盖代替棉塞。

4.7.1.4　栽培种

使用符合4.7.1.3规定的容器，也可使用≤17cm×35cm耐126℃高温符合GB 9688卫生规定的聚丙烯塑料袋。各类容器都应使用棉塞或无棉塑料盖，并符合4.7.1.3规定。

使用耐126℃高温的具孔径0.2～0.5μm无菌透气膜的聚丙烯塑料袋，长宽厚为630mm×360mm×80μm，无菌透气膜2个，大小35mm×35mm，或495mm×320mm×60μm，无菌透气膜1个，大小35mm×35mm。

4.7.2　培养原料

4.7.2.1　化学试剂类

化学试剂类原料如硫酸镁、磷酸二氢钾等，要使用化学纯或以上级别的试剂。

4.7.2.2　生物制剂和天然材料类

生物制剂如酵母粉和蛋白胨，天然材料如木屑、棉籽壳、麦麸等，要求新鲜、无虫、无螨、无霉、洁净、干燥。

4.7.3　培养基配方

4.7.3.1　母种培养基

一般应使用附录A中第A.1章规定的马铃薯葡萄糖琼脂培养基（PDA）或第A.2章规定的综合马铃薯葡萄糖琼脂培养基（CPDA），特殊种类需加入其生长所需特殊物质，如酵母粉、蛋白胨、麦芽汁、麦芽糖等，但不应过富。严格掌握pH。

4.7.3.2　原种和栽培种培养基

根据当地原料资源和所生产品种的要求，使用适宜的培养基配方（见附录B），严格掌握含水量和pH值，培养料填装要松紧适度。

4.7.4 灭菌

培养基配制后应在4h内进锅灭菌。母种培养基灭菌0.11～0.12MPa，30min。木屑培养基和草料培养基灭菌0.12MPa，1.5h或0.14～0.15MPa，1h；谷粒培养基、粪草培养基和种木培养基灭菌0.14～0.15MPa，2.5h。装容量较大时，灭菌时间要适当延长。灭菌完毕后，应自然降压，不应强制降压。常压灭菌时，在3h之内使灭菌室温度达到100℃，保持100℃ 10～12h。母种培养基、原种培养基、谷粒培养基、粪草培养基和种木培养基，应高压灭菌，不应常压灭菌。灭菌时应防止棉塞被冷凝水打湿。

4.7.5 灭菌效果的检查

母种培养基随机抽取3%～5%的试管，直接置于28℃恒温培养；原种和栽培种培养基按每次灭菌的数量随机抽取1%作为样品，挑取其中的基质颗粒经无菌操作接种于附录A.1规定的PDA培养基中，于28℃恒温培养；48h后检查，无微生物长出的为灭菌合格。

4.7.6 冷却

冷却室使用前要进行清洁和除尘处理，然后转入待接种的原种瓶（袋）或栽培种瓶（袋），自然冷却到适宜温度。

4.7.7 接种

4.7.7.1 接种室（箱）的基本处理程序

清洁→搬入接种物和被接种物→接种室（箱）的消毒处理。

4.7.7.2 接种室（箱）的消毒方法

应药物消毒后，再用紫外灯照射。

4.7.7.3 净化工作台的消毒处理方法

应先用75%酒精或新洁尔灭溶液进行表面擦拭消毒，之后预净20min。

4.7.7.4 接种操作

在无菌室（箱）或净化工作台上严格按无菌操作接种。每一箱（室）接种应为单一品种，避免错种，接种完成后及时贴好标签。

4.7.7.5 接种点

各级菌种都应从容器开口处一点接种，不应打孔多点接种。

4.7.7.6 接种室（箱）后处理

接种室（箱）每次使用后，要及时清理清洁，排除废气，清除废物，台面要用75%酒精或新洁尔灭溶液擦拭消毒。

4.7.8　培养室处理

在使用培养室的前两天，采用无扬尘方法清洁，并进行药物消毒杀菌和灭虫。

4.7.9　培养

不同种类或不同品种应分区培养。根据培养物的不同生长要求，给予其适宜的培养温度（多在室温20～24℃），保持空气相对湿度在75%以下，通风，避光。

4.7.10　培养期的检查

各级菌种培养期间应定期检查，及时拣出不合格菌种。

4.7.11　入库

完成培养的菌种要及时登记入库。

4.7.12　记录

生产各环节应详细记录。

4.7.13　留样

各级菌种都应留样备查，留样的数量应以每个批号3支（瓶、袋）。草菇在13～16℃贮存；除竹荪、毛木耳的母种不适于冰箱贮存外，其他种类有条件时，母种于4～6℃贮存；原种和栽培种于1～4℃下，贮存至使用者购买后在正常生产条件下该批菌种出第一潮菇（耳）。

5　标签、标志、包装、运输和贮存

5.1　标签、标志

出售的菌种应贴标签。注明菌种种类、品种、级别、接种日期、生产单位、地址电话等。外包装上应有防晒、防潮、防倒立、防高温、防雨、防重压等标志，标志应符合GB 191的规定。

5.2　包装

母种的外包装用木盒或有足够强度的纸盒，原种和栽培种的外包装用木箱或有足够强度的纸箱，盒（箱）内除菌种外的空隙用轻质材料填满塞牢。盒（箱）内附使用说明书。

5.3 运输

各级菌种运输时不得与有毒有害物品混装混运。运输中应有防晒、防潮、防雨、防冻、防震及防止杂菌污染的设施与措施。

5.4 贮存

应在干燥、低温、无阳光直射、无污染的场所贮存。草菇在13～16℃贮存；除竹荪、毛木耳母种不适于冰箱贮存外，其他种类有条件时，母种于4～6℃、原种和栽培种于1～4℃的冰箱或冷库内贮存。

附录A
（规范性附录）

母种常用培养基及其配方

A.1 PDA培养基（马铃薯葡萄糖琼脂培养基）

马铃薯200g（用浸出汁），葡萄糖20g，琼脂20g，水1000mL，pH自然。

A.2 CPDA培养基（综合马铃薯葡萄糖琼脂培养基）

马铃薯200g（用浸出汁），葡萄糖20g，磷酸二氢钾2g，硫酸镁0.5g，琼脂20g，水1000mL，pH自然。

附录B
（规范性附录）

原种和栽培种常用培养基配方及其适用种类

B.1 以木屑为主料的培养基配方

见B.1.1、B.1.2、B.1.3，适用于香菇、黑木耳、毛木耳、平菇、金针菇、滑菇、猴头菇、真姬菇等多数木腐菌类。

B.1.1 阔叶树木屑78%，麸皮20%，糖1%，石膏1%，含水量58%±2%。

B.1.2 阔叶树木屑63%，棉籽壳15%，麸皮20%，糖1%，石膏1%，含水量58%±2%。

B.1.3 阔叶树木屑63%，玉米芯粉15%，麸皮20%，糖1%，石膏1%，含水量58%±2%。

B.2 以棉籽壳为主料的培养基配方

见B.2.1、B.2.2、B.2.3、B.2.4，适用于黑木耳、毛木耳、金针菇、滑菇、真姬菇、杨树菇、鸡腿菇、猴头菇、侧耳属等多数木腐菌类。

B.2.1 棉籽壳99%，石膏1%，含水量60%±2%。

B.2.2 棉籽壳84%～89%，麦麸10%～15%，石膏1%，含水量60%±2%。

B.2.3 棉籽壳54%～69%，玉米芯20%～30%，麦麸10%～15%，石膏1%，含水量60%±2%。

B.2.4 棉籽壳54%～69%，阔叶树木屑20%～30%，麦麸10%～15%，石膏1%，含水量60%±2%。

B.3 以棉籽壳或稻草为主的培养基配方

见B.3.1、B.3.2、B.3.3，适用于草菇。

B.3.1 棉籽壳99%，石灰1%，含水量68%±2%。

B.3.2 棉籽壳84%～89%，麦麸10%～15%，石灰1%，含水量68%±2%。

B.3.3 棉籽壳44%，碎稻草40%，麦麸15%，石灰1%，含水量68%±2%。

B.4 发酵料培养基配方

见B.4.1、B.4.2，适用于双孢蘑菇、双环蘑菇、巴氏蘑菇等蘑菇属的种类。

B.4.1 发酵麦秸或稻草（干）77%，发酵牛粪粉（干）20%，石膏粉1%，碳酸钙2%，含水量62%±1%，pH7.5。

B.4.2 发酵棉籽壳（干）97%，石膏粉1%，碳酸钙2%，含水量55%±1%，pH7.5。

B.5 谷粒培养基

小麦、谷子、玉米或高粱97% ~ 98%，石膏2% ~ 3%，含水量50%±1%，适用于双孢蘑菇、双环蘑菇、巴氏蘑菇等蘑菇属的种类，也可用于侧耳属各种和金针菇的原种。

B.6 以种木（枝）为主料的培养基

阔叶树种木70% ~ 75%，附录B.1.1配方的培养基25% ~ 30%。适用于多数木腐菌类。

参考文献

[1] 卯晓岚.中国经济真菌［M］.北京：科学出版社，1998.

[2] 黄年来.中国大型真菌原色图鉴［M］.北京：中国农业出版社，1998.

[3] 黄毅.食用菌栽培（上、下册）［M］.北京：高等教育出版社，1998.

[4] 卯晓岚.中国大型真菌［M］.郑州：河南科学技术出版社，2000.

[5] 崔颂英.食用菌生产与加工［M］.北京：中国农业大学出版社，2007.

[6] 崔颂英.药用大型真菌生产技术［M］.北京：中国农业大学出版社，2009.

[7] 崔颂英.食用菌栽培技术［M］.沈阳：东北大学出版社，2009.

[8] 崔颂英.食用菌生产［M］.北京：中国农业大学出版社，2011.

[9] 牛长满.食用菌生产分部技术图解［M］.北京：化学工业出版社，2014.

[10] 孟庆国.食用菌规模化栽培技术图解［M］.北京：化学工业出版社，2021.